"十四五"普通高等教育本科部委级规划教材

服装学科系列教材

李 正 | 莫洁诗 ◎ 主 编
翟嘉艺 | 毛婉平 ◎ 副主编

SHIZHUANGHUA JIFA YU JIANSHANG

时装画技法与鉴赏

中国纺织出版社有限公司

内 容 提 要

本书是时装画专业基础教材，适用于本科院校、职业院校中的服装设计专业学生以及相关行业从业者。本书主要从时装画技法与鉴赏两方面入手，分析国内外优秀时装画案例，鉴赏不同绘画方式的时装画。本书从多视角介绍不同创意时装画的表现形式，使用分步骤的形式对时装画进行深入解析，向读者展示风格多样、形式新颖、艺术水平高的时装画，使读者能够直观地理解并掌握时装画技法与鉴赏各个环节的特点与要领，全面学习时装画技法与鉴赏的相关原理与方法，提高时装画绘制与创作的审美力与表现力。

图书在版编目（CIP）数据

时装画技法与鉴赏 / 李正，莫洁诗主编 ；翟嘉艺，毛婉平副主编. -- 北京 ：中国纺织出版社有限公司，2024. 10

“十四五”普通高等教育本科部委级规划教材

ISBN 978-7-5180-0394-5

Ⅰ. ①时… Ⅱ. ①李… ②莫… ③翟… ④毛… Ⅲ. ①时装—绘画技法—高等学校—教材 Ⅳ. ① TS941. 28

中国国家版本馆 CIP 数据核字（2023）第 213943 号

责任编辑：亢莹莹　　责任校对：高　涵　　责任印制：王艳丽

中国纺织出版社有限公司出版发行

地址：北京市朝阳区百子湾东里 A407 号楼　邮政编码：100124

销售电话：010 — 67004422　传真：010 — 87155801

http: //www.c-textilep. com

中国纺织出版社天猫旗舰店

官方微博 http: //weibo.com/2119887771

北京通天印刷有限责任公司印刷　各地新华书店经销

2024 年 10 月第 1 版第 1 次印刷

开本：787 × 1092　1/16　印张：14.25

字数：245 千字　定价：69.80 元

序
PREFACE

服装学科现状及其教材建设

能遇到一位好老师是人生中非常幸运的事，有时这又是可遇而不可求的。韩愈说：“师者，所以传道授业解惑也。”今天，我们总是将老师比喻为辛勤的园丁，比喻为燃烧自己照亮他人的蜡烛，比喻为人类心灵的工程师，等等，这都是在赞美教师这个神圣的职业。作为学生，尊重自己的老师是本分；作为教师，认真地从事教学工作，因材施教，尽心尽责培养好每一位学生是做老师的天道义务，也是教师的基本职业道德。

教师与学生之间是一种无法割舍的长幼关系，是教与学的关系、传道与悟道的关系，也是一种付出与成长的关系，服装学科的教学也是如此，“愿你出走半生，归来仍是少年”。谈到师生的教与学关系问题必然绕不开教材问题，教材在师生的教与学关系中扮演着特别重要的角色，即互通互解的桥梁角色。凡是优秀的教师一定会非常重视教材（教案）的建设问题，没有例外。因为教材在教学中的价值与意义是独有的，是不可用其他手段来代替的，当然，好的老师与好的教学环境都是极其重要的，这里我们主要谈的是教材的价值问题。

当今国内服装学科主要分为三大类型，即艺术类服装设计学科、纺织工程类服装专业学科、职业教育类服装专业学科。另外，还有个别非主流的服装学科，比如戏剧戏曲类服装艺术教育学科、服装表演类学科等。国内现行三大类型服装学科教学培养目标各有特色，因而教学课程体系也有较大差异性。教师要用专业的眼光去选择适用于本学科的教材，并且要善于在教学中抓住学科重点。比如，艺术类服装设计学科主要侧重设计艺术与设计创意的培养，其授予的学位一般都是艺术学学位，过去是文学学位，未来还将会授予交叉学学位。艺术类服装设计学科的课程设置是以艺术和创意设计为核心的，比如国内八大美术学院与九大艺术学院，还有国内一些知名高校中的二级艺术学院、美术学院、设计学院等的课程设置。这类院校培养的毕业生就业方向以自主创业、工作室高级成衣定制、大型企业高级服装设计师、企业高管人员、高校教师或教辅居多。纺织工程类服装专业学科的毕业生一般授予工学学位，其课程设置多以服装材料研究及服装科研研发为重点，包括服装各类设备的使用与服装工业再改造等。这类学生进入高校时的考试方式与艺术生不同，他们是以正常的文化课考试进校的，所以其美术功底不及艺术生，但是其文化课程分数较高。这类毕业生大多进入大型服装企业承担高级管理工作、高级专业技术工作、产品营销管理工作、企业高级策划工作，或从事高校教学与教辅工作等。职业教育类服装专业学科的教育是以专业技能的培养为核心的，其在课程设置方面比较突出实操实训能力的培养，非常注重技能水平的提升，甚至会安排学生考取相应的专业技能等级证书。高职学生未达到本科层次，是没有本科学位的专业生，这部分学生相对于其他具有学位层次的高校生而言更具备职业培养的属性，在技能培养方面独具特色，主要为企业培养实用型专业人才，这部分毕业生更受企业欢迎。这些都是我国现行服装学科教育的状况，在制订教学大纲、教学课程体系、选择专业教材时，要具体研究不同类型学科的实际需求，最大限度地发挥教材的专业功能。

教材直接关系着专业教学质量问题，也是专业教学考量的重要内容之一，所以我们要清晰我国现行的三大类型服装学科的特色，不可“用不同的瓶子装着同样的水”进行模糊教育。

交叉学科的出现是时代的需要，是设计学顺应高科技时代发展的必然，是中国教育的顶层设计。本次教育部新的学科目录调整是一件重要的事情，特别是将设计学从13艺术学门类中调整到了新设的14交叉学科门类中，即1403设计学（可授工学、艺术学学位）。艺术学门类中仍然保留了1357设计一级学科。我们在重新制订服装设计教学大纲、教学培养过程与培养目标时要认真研读新的学科目录，还要准确解读“2022年教育部新版学科目录”中的相关内容后，再研究设计学科下的服装设计教育的新定位、新思路、新教材。

服装学科的教材建设是评估服装学科教学质量的重要指标。今天我国各个专业高校都非常重视教材建设，特别是相关的各类“规划教材”颇受重视。服装学科建设的核心内容包括两个方面，其一是科学的专业教学理念，也是对服装学科的认知问题，这是非物质量化方面的问题，现代教育观念就是其主观属性；其二是教学的客观问题，也是教学的硬件问题，包括教学环境、师资力量、教材问题等，这是专业教育的客观属性。服装学科的教材问题是服装学科建设与发展的客观问题，需要认真思考这一问题。

撰写教材可以提升教师队伍对专业知识的系统性认知，能够在撰写教材的过程中发现自己的专业不足，拓展自身的专业知识理论，高效率地使自己在专业与教学逻辑思维方面取得本质性的进步。撰写专业教材有利于教师汇总自己的教学经验，充实自己的专业理论知识，逐步丰富专业知识内核，最终使自己的教学趋于优秀。撰写专业教材需要查阅大量的专业资料，并收集海量数据，特别是在大数据时代，在各类专业知识随处可以查阅与验证的现实氛围中，出版优秀的教材是对教师专业能力的考验，是每一位出版教材的教师的专业成熟度的测试器。

教材建设是任何一个专业学科都应该重视的问题，教材问题解决好了，专业课程的一半问题就解决了。书是人类进步的阶梯，书是人类的好朋友，读一本好书可以让人心旷神怡，读一本好书可以让人如沐春风，可以让读者获得生活与工作所需的新知识。一本好的专业教材也是如此。

好的老师需要好的教材给予支持，好的教材同样需要好的老师来传授与解读，珠联璧合，相得益彰。一本好的教材就是一位好的老师，是学生的好朋友，是学生的专业知识输入器。衣食住行是人类赖以生存的支柱，服装学科是大众学科，服装设计与服装艺术是美化人类生活的重要手段，是美的缔造者。服装市场是一个国家的重要经济支撑，可以解决很多就业问题，还可以向世界输出中国服装文化、中国时尚品牌，向世界弘扬中国设计及其思维。大国崛起与文化自信包括服装文化自信与中国服装美学的世界价值。德智体美劳是我国高等教育不可或缺的重要组成部分，我们要在创新服装学科专业教材上多下功夫，努力打造出一批符合时代需求的精品教材，为现代服装学科的建设与发展多做贡献。

服装专业教育者需要首先明白，好的教材需要具有教材的基本属性：知识自成体系，逻辑思维清晰，内容专业，目录完备，图文并茂，循序渐进，由简到繁，由浅入深，特别是要让学生能够读懂看懂。

教材目录是教材的最大亮点，十分重要。出版教材的目录一定要完备，各章节构成思路要符合专业逻辑，确保先后顺序正确，可以说，教材目录是教材撰写的核心要点。这里用建筑来打个比方，教材目录好比高楼大厦的根基与构架，而教材的具体内容与细节撰写好比高楼大厦的瓦砾、砖块和水泥等填充物。建筑承重墙只要不拆不移，细节的砖块与瓦砾、隔断墙是可以根据个人的喜好进行适当调整或重新组合的。这是建筑的结构与装饰效果的关系问题，这个问题放到服装学科的教材建设上，可以比较清楚地来理解教材的重点问题。

纲举目张，在教学中要能够抓住重点，因材施教，要善于旁敲侧击、举一反三。“教育是点燃而不是灌输”，这句话给予了我们教育工作者很多的思考，其中就包括如何提高学生的专业兴趣，在教学中，兴趣教学原则很值得我们去研究。从某种意义来讲，兴趣是优秀地完成工作与学习的基础保证，也是成为一位优秀教师、优秀学生的基础保证。

本系列教材是李正教授与其学术团队共同努力的又一教学成果。参与编写的作者包括清华大学美术学院吴波老师、肖榕老师，苏州城市学院王小萌老师，广州城市理工学院翟嘉艺老师，嘉兴职业技术学院王胜伟老师、吴艳老师、孙路苹老师，南京传媒学院曲艺彬老师，苏州高等职业技术学校杨妍老师，江苏省盐城技师学院韩可欣老师，江南大学博士研究生陈丁丁，清华大学美术学院博士生李潇鹏等。

苏州大学艺术学院叶青老师担任本系列12本“十四五”普通高等教育本科部委级规划教材出版项目主持人。感谢中国纺织出版社有限公司对苏州大学一直以来的支持，感谢中国纺织出版社有限公司对李正学术团队的信赖。在此还要特别感谢苏州大学艺术学院及其兄弟院校参编老师们的辛勤付出。该系列教材包括《服装设计思维与方法》《形象设计》《服装品牌策划与运作》等，请同道中人多提宝贵意见。

李正、叶青

2023年6月

前言
FOREWORD

时装画是目前服装设计专业开设的重要必修课，也是整个服装设计的入门课程，日益受到高校的重视。其功能不断增加，形式也不断丰富，一幅优秀的时装画，不仅是裁制时装的蓝图，更是艺术作品。本书从多方面解析时装画技法与鉴赏，使读者充分了解时装画的功能与美学，向读者展示风格多样、形式新颖、艺术水平高的时装画，既可作为高等院校服装设计、展示设计专业教材，也可作为服装行业相关从业人员以及服装爱好者的参考用书。本书使读者能够更加直观地理解并掌握时装画技法与鉴赏各个环节的特点与要领，全面学习时装画的相关原理与方法，提高时装画绘制与创作的审美力与表现力。

本书共分为八章，其中绪论、时装画与人体知识、时装画的风格为基础理论部分；时装画的表现技法、时装画的配色艺术、时装画的线条绘制与美学、时装画中的材料表现艺术为理论与实践运用部分；时装画作品鉴赏与解析为理论与趋势分析部分。本书从时装画基本概念、时装画功能技法、时装画表现风格、时装画美学赏析等方面进行分析，主要侧重于时装画的功能技法及风格赏析，以图文并茂的形式向读者展示时装画的魅力，在用笔、用色及体现个人画风等方面对国内外时装画大师、优秀时装从业者的作品作简明分析鉴赏。欣赏这些作品，必将使我们开阔视野、提高艺术鉴赏力、增长时装知识。研习其技法，定会使我们获得一种实用技能，通向一条表达时装设计效果的捷径，帮助我们把翩跹的创作灵感现于笔端。书中系统阐述的技法与提供的丰富资料，对专业院校的师生和时装设计师具有重要的参考价值，对业余时装设计爱好者而言亦是一册图文并茂的有益读物。

本书由李正、莫洁诗担任主编，翟嘉艺、毛婉平担任副主编。在编写过程中查阅了大量国内外相关专业资料，引用了其中的一些论点和实例材料，书中大部分插图由作者绘制，部分插图引用了国内外设计名家、时装插画家的作品和学生作品，时装插画师辛喆以及苏州大学艺术学院的研究生李慧慧、蒋晓敏、郑亚楠等都积极为本书提供了大量优质的图片资料，同时也花费了大量的时间和精力，在此致以诚挚的谢意。本书在编写过程中得到苏州大学艺术学院、苏州大学艺术研究院领导与老师的大力支持。最后特别感谢苏州大学艺术学院叶青老师、苏州大学艺术学院王巧博士、苏州高等职业技术学校杨妍老师等对本书的大力支持。因时装画艺术发展迅速，时装画技法更新较快，本书内容难免有遗漏与不足之处，敬请各位专家、读者指正！

编者

2023年5月

教学内容及课时安排

章（课时）	课程性质（课时）	节	课程内容
第一章 （10课时）	基础理论 （30课时）		**·绪论**
		一	时装画概述
		二	时装画的起源与发展
		三	时装画的艺术特征
第二章 （10课时）			**·时装画与人体知识**
		一	人体造型基础知识
		二	人体动态表现
		三	人体局部绘画表现技法
第三章 （10课时）			**·时装画的风格**
		一	时装画风格概述
		二	典型时装画风格赏析
第四章 （10课时）	理论与实践运用 （38课时）		**·时装画的表现技法**
		一	不同绘画媒介下的表现技法
		二	综合表现技法
第五章 （10课时）			**·时装画的配色艺术**
		一	色彩的基础知识
		二	时装画的色彩表现
		三	时装画的配色鉴赏
第六章 （10课时）			**·时装画的线条绘制与美学**
		一	时装画廓型线条绘制与美学
		二	时装画局部线条绘制与美学
第七章 （8课时）			**·时装画中的材料表现艺术**
		一	常见的时装材料及其艺术感
		二	不同时装材料在时装画中的表现
		三	经典案例鉴赏
第八章 （10课时）	理论与趋势分析 （10课时）		**·时装画作品鉴赏与解析**
		一	大师时装画作品鉴赏
		二	手绘时装画作品鉴赏
		三	数码时装画作品鉴赏

注 各院校可根据实际情况调整。

目录
CONTENTS

第一章 绪论

课程名称：绪论

课题内容：时装画概述

时装画的起源与发展

时装画的艺术特征

课题时间：10课时

教学目的：通过学习，使学生了解时装画的基本知识，并掌握时装画的概念、分类、形式及艺术特征，为后续课程打下基础。

教学方式：利用各种图片资料，多媒体讲授，通过系统归纳进行理论教学。

教学要求：1. 了解时装画的概念，时装画的分类、形式和意义。

2. 让学生了解到时装画的历史与发展。

3. 熟悉时装画的不同艺术特征。

课前（课后）准备：课前查阅与时装画相关的书籍和图片资料，收集不同时期优秀的时装画代表作品。课后通过对教材的学习，了解时装画的发展历程，清晰掌握时装画的形式、特征及分类。

时装画是用来表达服装设计者的设计意图，展现服装与人体各部位关系，表现服装的款式、色彩、材质、工艺结构及风格。与其他绘画艺术相比，时装画具有双重性，一方面，时装画属于实用艺术范畴，是服装设计的表达方式之一；另一方面，时装画是借助于绘画来展示服装的整体美感的一种手段。同时，时装画是服装设计师捕捉创作灵感的有效方式，是从服装设计构思到作品完成过程中不可或缺的重要组成部分，是制作服装的依据，也是宣传服装、传播服装信息的媒介。

一张优秀的时装画包含着对服装的理解，对艺术形式的把握，以及设计师的审美能力及时尚感悟。传统的时装画以手绘为主，并且根据不同的风格，选择的绘画工具不尽相同，有铅笔、水彩、水粉、马克笔等。随着科技的发展，时装画的绘制工具越来越多样化，数字化媒介的出现打破了传统的表现技法，使其表现形式不断创新，这就要求我们不仅要掌握不同类型的时装画表现技法和鉴赏方法，还要有良好的绘画基础和服装专业知识，才能得心应手地运用手中的笔画出自己的设想，绘制出具有个人风格的优秀时装画作品。本章将依据典型的时装画案例来分析其中的发展脉络和绘画技法，让读者对时装画的基础知识有一个大概的了解，并用这些知识与理论装备头脑，使创作更为深入。

第一节　时装画概述

在服装设计领域，人们对“时装画”这个名词并不陌生。时装画是服装设计师将设计构思以写实或夸张的艺术手法予以表达的一种绘画形式，是以服装款式和人体为主题进行的创作。时装画将服装中设计构思、款式造型、色彩配置、面料选择、配饰安排、剪裁结构的独特感受，以恰当的形式表现于画面，是时装设计的第一步，它旨在表达其设计意图中直观的艺术效果。时装画是多元性的，从艺术角度来看，它强调绘画技巧和画面视觉效果；从设计角度来看，它能表达设计意图。

一、时装画的概念

时装画以表现服装款式结构、体现服装形象穿着效果为主题，是反映流行趋势、服饰文化和生活方式的一种专业绘画形式。时装画主要应用于时装的设计环节与时装信息的传播发布中，它是一种设计本源、设计创意、设计情感等方面形象化、综合化、独特化的诠释表达。时装画以不同类型、不同特征的人体为造型对象，因此其款式结构、剪裁缝制、色彩搭配、面料处理等均需从穿着者的形体特征和着装环境等方面进行考虑。所以时装画不仅反映出不同时代的穿着方式及穿着理念，还是艺术创作观察、创作体验的深刻感悟，画面形式给人以动人的魅力与美的感受，充满着对艺术生命力的表达，如图1-1所示。

图1-1 时装画（李慧慧作品）

时装画作为主要表现人物着装状态的作品，与一般绘画作品不同，它传达着各时期人们时尚着装的信息、生活状态和审美情趣。相较而言，美术创作强调画家创作意念的表达，是一种画面基调的整体协调，而时装画更多地在于表达时装设计构思，体现出艺术创作自由、感性的特征，同时展现出服装、服装与人的关系、服饰配件、流行信息等基本属性。它是服装设计师表达想法的工具，在20世纪还作为时装插画的形式出现在各大时装杂志封面，成为服装流行信息交流的一种有效媒介，如图1-2、图1-3所示。

随着时代的发展，时装画的审美功能不断增强，风格技巧也越发丰富，更具丰富性和多元化，如图1-4所示。时装画不只是对时装的描绘，其远远超出时装设计本身，逐渐发展成为现代绘画艺术的分支，成为一种独立的画种，从而衍生出如时装插画、时装效果图、时装海报等多种艺术形式。

图1-2 *VOGUE*杂志封面一（1917年）

图1-3 *VOGUE*杂志封面二（1956年）

图1-4 手绘时装画（毛婉平作品）

二、时装画的分类

时装画分类因绘画工具和应用对象的不同而多种多样，如果从绘画工具上来分类的话，有水彩、水粉、钢笔、铅笔和计算机绘制等；如果从用途上来分类的话，时装画可以分为时装设计草图、时装平面款式图、时装效果图、时装插画等。

（一）时装设计草图

时装设计是一项实践性相当强的工作，需要设计者在极短的时间内迅速捕捉并记录设计构思。时装设计草图是设计者记录设计灵感、设计思维以及设计信息的一种手段，所以时装设计草图具有一定的概括性、快速性，能让读者通过简洁明了的勾画、记录读懂设计者的构思。

通常设计草图并不追求画面视觉的完整性，而是抓住时装的特征进行描绘。有时在简单勾勒之后，采用几种色彩粗略地记下色彩构思；有时采用单色勾勒并结合文字说明的方法，记录设计构思、灵感，如图1-5所示。在勾勒人物时往往简略明了，抑或侧重某种动势以表现时装的动态预视效果，而省略人体中的众多细节。

图1-5　时装设计草图（李慧慧作品）

（二）时装平面款式图

时装平面款式图是指服装款式的平面表现图，也称为平面结构款式图，抛开服装的穿着效果，只针对服装款式的比例、结构等进行具体、严谨的表现，目的是指导生产和服装制板。它是服装从打板、裁剪到缝制过程的重要指导依据，也是为了把设计构思交代完整。时装平面款式图中的款式结构、工艺特点及装饰配件等都要表现得极为准确、清晰，还要精准地画出服装正、背面的平面结构图，一些需要特别交代的细小结构如领、袖、口袋、褶裥、省位、明线的宽窄等，还需要另附服装效果图和局部放大示意图，以及面料小样和具体的细节说明，并注以适当的文字说明，便于打板与缝纫制作，如图1-6所示。

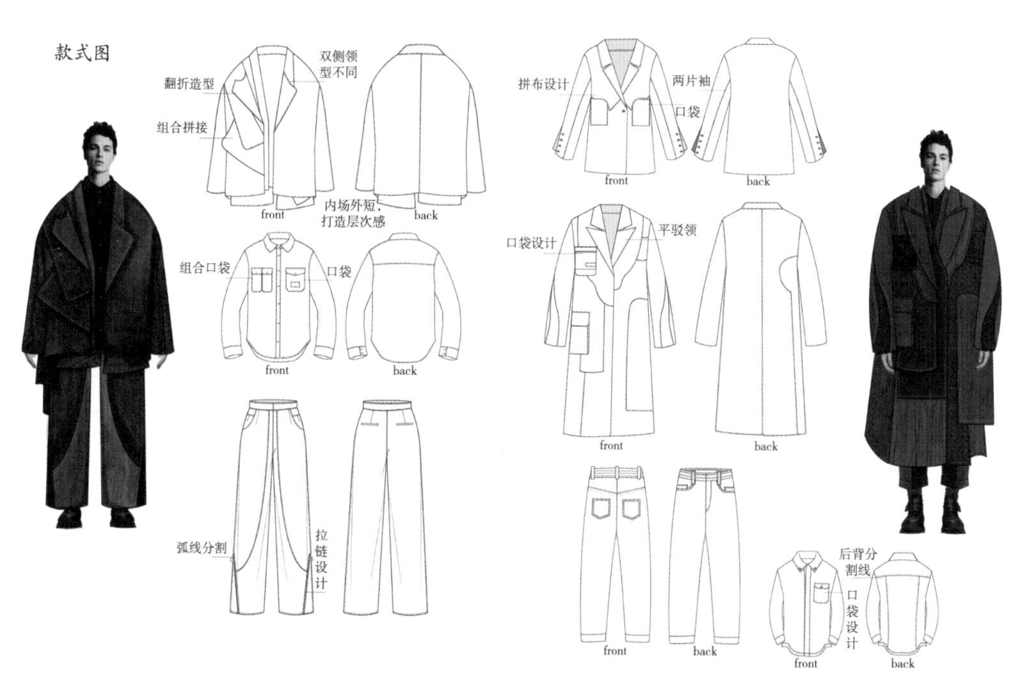

图1-6　时装平面款式图（莫洁诗作品）

（三）时装效果图

图1-7 时装效果图（郑亚楠摹画）

时装效果图主要表现人物着装后的整体效果，设计师需要通过效果图将完整而清晰的设计思路传达给设计助理、制板师、管理人员等，其中包括款式风格、结构特点、材料质感、色彩风格等服装信息。时装效果图既要有欣赏性，能表现出服装的着装效果，又要准确无误地表达出设计师的设计意图和设计思路，如图1-7所示。

时装效果图一般可分为用于品牌服装设计的效果图和用于服装设计大赛的效果图。特别是在服装设计大赛效果图中，可选择多种表现形式，如写实的、抽象的、变形的、夸张的等。一般会以系列形式进行呈现，而系列服装一般是2款以上，最多5~6款服装组合，如图1-8所示。人物的动态可根据款式设计要求选择不同的姿势，可以是四平八稳型，也可以是动感十足型，抑或是比例夸张型，并且人物间的疏密排列更能显示出画面整体的层次感。系列服装效果图中的款式不宜过多，否则会因处理不当，容易导致画面产生平庸感或拥挤感。

图1-8 系列时装画（莫洁诗作品）

（四）时装插画

时装插画就是将服装和插画相结合，可以不表现具体的时装款式，是一种根据文章内容或编辑风格的需要，用于活跃版面视觉效果的形式。插画从最早的辅助作用发展成为一种独立的艺术门类，并形成了自己独特的艺术形式。时装插画以简洁夸张的形式、富有魅力的形象引人注目，以达到加强视觉印象的目的，多配在时装报纸或杂志中，也常用于时装海报、流行（POP）广告、产品样本中。时装插画是时装插画家自我创作的作品，更注重绘画的形式和插画家的个性表达，具有独特的艺术魅力，如图1-9所示。

图1-9　时装插画（学生习作）

世界上历史悠久并广受尊崇的时尚类杂志*VOGUE*、*GAZETTE DU BON TON*等，很早就开启了通过时装插画来宣传品牌形象的做法，时装插画以画面感的构思、变幻的表现向人们传达艺术观念倾向和时尚美感，如图1-10所示。自早期*VOGUE*杂志刊载时装插画以来，时装插画的表现风格从单线平涂的装饰画法，发展到如今表现形式多样、绘图风格多元，已经不仅仅是一张单纯的效果图。从某种程度而言，更是一幅绘画作品，它给观者带来美的享受。时装插画作为一种更接近于绘画艺术的独特形式，显现了不同时代的服装文化特征，如图1-11所示。

图1-10　*VOGUE*杂志一（1928年）

图1-11　*VOGUE*杂志二（1948年）

三、时装画的形式

时装画的形式多种多样，无论中国画中的线描、水墨、重彩，还是西方绘画中的水彩、水粉和油画，它们都有一定的表现规律和特点。现代时装画就是在这样一些成熟的绘画艺术中，根据时装画创作需要，运用自由的技巧与形式来完成自己的设计构想，充分发挥设计师的想象力。它可以是线描、速写、水彩，也可以是喷绘、拼贴等技法的任意组合，它的表现不受任何工具条件的限制，因此，写实、夸张、变形等各种表现方式精彩纷呈。随着计算机技术的普及和发展，快捷、精细的计算机绘制成为现代时装画平面创作的普遍表达形式，成为备受当代艺术设计师青睐的表现方法。

（一）水粉

水粉颜料是时装绘画中较为常见的绘图工具，早在20世纪初期就被西方时装画家使用。水粉色彩浓厚，覆盖力强，在绘画时先从颜色最深处下笔，然后逐层覆盖，最终达到理想的效果，比较适合在时装画中表现一些较厚重的材质。在绘画时还需注意的是，水粉颜料在干透后颜色会比湿颜料的颜色略浅，如图1-12所示。因此，水粉在使用时经常以平涂、套色等方法表现时装画。在表现立体关系时，多采用暗部和灰面的概括或留白的手法。

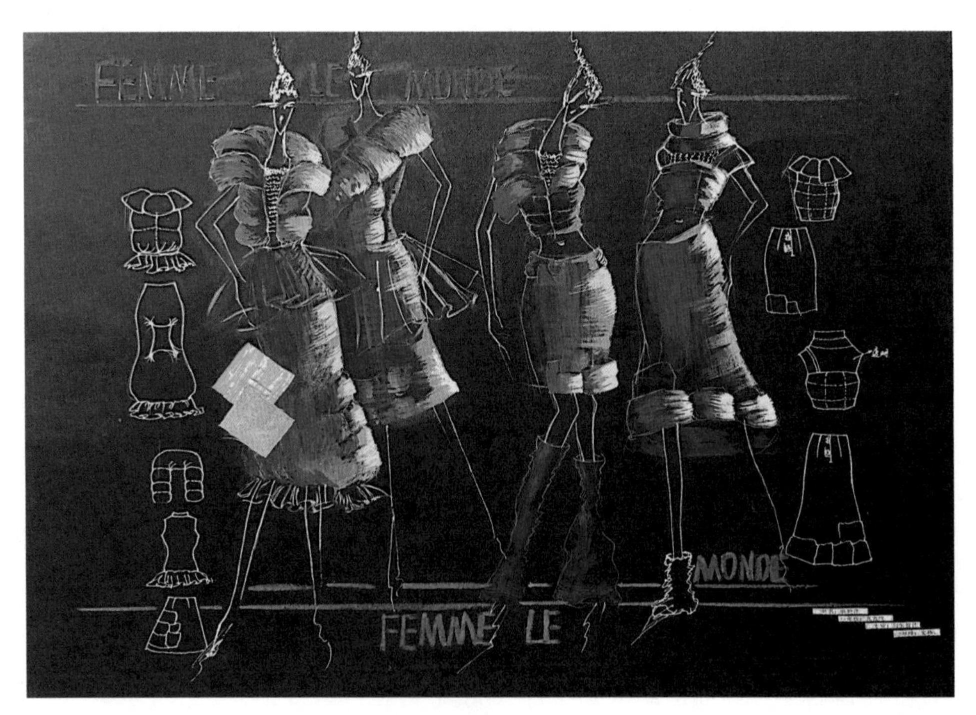

图1-12 水粉时装画（学生习作）

（二）彩色铅笔

彩色铅笔分为水溶性彩色铅笔与非水溶性彩色铅笔两种，水溶性彩色铅笔可以在绘制后通过清水渲染而达到水彩的效果，可用于勾画草图。彩色铅笔质地相对细腻，色彩也很柔和，颜色种类多，使用方便、携带便捷，是很多时装绘画者喜爱的绘图工具，如图1-13所示。在表现不同的面料质感上，可适当运用虚实不同的笔触来进行勾勒与涂画，也可以将彩色铅笔与其他绘图工具相结合来描绘画面的不同部分。

图1-13 彩铅时装画（范一琳作品）

图1-14 水彩时装画一（刘目琳作品）

图1-15 水彩时装画二（杨占武作品）

（三）水彩

水彩颜料具有透明且轻薄的特点，在绘制较为轻盈的面料肌理时颇具优势，而且其具备长期保存不易变色的优点，因此是较为常用的时装绘画材料。水彩绘画的关键是把握水量的运用，水量的多少会使画面产生截然不同的视觉效果，如图1-14所示。水彩的色彩覆盖力比较弱，因此在画时装画时尽量少调和颜色，调和过多容易变脏，可以用水的多少和适当的留白来控制画面明暗变化，如图1-15所示。

（四）马克笔

马克笔是时装画绘制中较为方便快捷的一种工具，因其色彩饱满、着色性佳、颜色种类丰富而被广泛应用于时装绘画。马克笔分油性和水性两类，油性马克笔效果厚重而润泽，有很强的覆盖性，适合大面积涂抹；而水性马克笔的覆盖力不及油性马克笔，其笔触较为清晰，颜色柔和而透明。使用马克笔应遵循“先浅后深”的着色顺序，如图1-16所示。如若反复涂抹多层颜色，其重叠部分可能使画面显得脏浊。通常在深入画面时采用其他工具进行下一步细节的加深或提亮。

图1-16　马克笔时装画（毛婉平作品）

（五）油画棒

油画棒和蜡笔性质类似，颜色颗粒大，色彩醇厚而艳丽，具有很强的覆盖力，又因为它油性较大且具有不易溶于水的特性，可以用在一些服饰花纹的绘制上，表达具有丰富肌理的画面效果。在绘制过程中，因油画棒自然粗犷、不好过渡，使用时要尽量结合着装人物的明暗关系和透视关系，才可以保证其最终形成统一和谐的画面效果。由于油画棒的工具特性，不适用于刻画细致的造型细节，往往用于大的造型和风格上的表达，如图1-17所示。

图1-17　油画棒时装画（学生习作）

（六）色粉

色粉笔由适量的树脂（胶）、水与颜料粉末混合制成，极具覆盖力且不透明，是一种质地极为细腻的粉状绘画工具，无须调色，可直接使用。色粉时装画的艺术感强烈，既能够像彩铅一样用排线的方式表现出肌理感，又可以像油画颜料一样均匀地表现出微妙的色彩变化。使用色粉笔时要注意运笔的虚实有度，因其很易脱色，这种画法既可以强调保留笔触，也可以直接用手或纸揉擦混合色粉线条的粉末以呈现出丰富多样的变化，可以给人洒脱、随意又神秘之感。此外，因色粉粉质容易脱落，难以长久保存，在绘制后需喷上定画液，如图1-18所示。

图1-18　色粉时装画（学生习作）

图1-19　拼贴时装画（李慧慧作品）

（七）水墨

墨是中国传统的绘画材料，用一种墨就可以表现出不同的浓、淡、干、湿，且变化随意而微妙，具有很强的艺术性与美感。在表现上与水彩有一定的相似之处，当笔触重叠、色彩相撞时，先下笔的墨色便会反透上来。水墨的表现具有即时性和不可更改性，因此在采用水墨这种绘画工具时要打好草稿，起笔与落笔之时需要创作者成竹在胸。在用水墨绘制时装画作品之前，要了解熟悉墨色的浓、淡、干、湿，以及各种笔法的不同效果；在创作时要注意对水量的运用、笔触的表达以及画面的疏密对比关系。

（八）拼贴和混合媒介

在时装设计中，“拼贴”一词最早意为粘贴，拼贴亦被称为“混合媒介”，是一种混合材质进行艺术创作的手法，所用的材料大多不受限制，如织带、纸张、面料、线、花草、纽扣及纸张等物品来补充或替代绘画步骤。用一些过期画报、期刊等，选其中图案、纹理、造型较适合自己的作品风格，把它们分别剪下来，重新组织成新的画面，完成构思新颖、图形和人物巧妙结合的时装画作品，如图1-19所示。

（九）软件数字化

当今时装插画的新面貌，离不开数字图像软件的发展，将手绘草图与插图进行数字化扫描与编辑，进行大小的调整或强化是一种方便快捷的创作手段。与传统手绘时装画相比，利用数字图像软件绘制时装画，突破了传统绘制时装画时表现手法的局限性，可以实现独立编辑与分层保存图像，这一功能可以很方便地完成对画面肌理细节等元素的刻画，如图1-20所示。结合传统手绘技术，可以随心所欲地创造出各种以往无法想象的特殊效果，形成属于自己的设计风格。

图1-20 数码时装画（莫洁诗作品）

四、时装画的价值

时装画家萧本龙曾说：学习时装画不仅能学到一种本领，更能在学习过程中提高审美能力。时装画是展现服装外观形式美的手段之一，在服装设计、服装销售、服装宣传中经常用到，更是连接时装设计师与工艺师、消费者的桥梁，同时还包含着对服装的理解，对艺术形式的把握，是培养设计美感的重要途径。时装画的意义与价值是多方面的，随着社会的发展，其功能也会发生相应变化，从最早作为插画传递信息，到后来的服装设计效果图，以此表达设计师的意图，并且它的审美宣传功能不断增强，概念越来越广泛，风格技巧也越来越丰富。随着服装行业的发展，时装画日益受到社会的重视，并已成为服装设计教学中不可缺少的重要组成部分。

（一）时装画具有时代性价值

时装具有艺术性和实用性的双重特点，与其他艺术形式的发展过程一样具有时代性。在不同的历史时期，时装画所表现出的艺术特点总能展示出不同时代的艺术和审美情趣。随着社会潮流和时装行业的发展，时装画不断改变自身的艺术风格，体现了不同时期的时装审美倾向。时装画是服装设计构思的艺术体现手段之一，优秀的时装画可充分反映出前卫、流行、时尚美的造型风貌。现代时装画的发展与设计发生了更多关联，在其发展的过程中延伸出多重实用性的特征。无论是现代商业广告时装画，还是服装构图等，都广泛应用于现代设计，如图1-21所示。

图1-21 时装画（郑亚楠摹画）

（二）时装画具有专业指导价值

时装画能把设计构思中对服装的外观形式的各种设想，用绘画的表现手段绘制出来，包括人物动态、服装造型、面料质感和配饰设计等，在展示服装与人体的关系上给人以直观的效果。此外，时装画还可以准确、直接地让制作者了解到服装的特点，如领子大小、袖子造型、面料质感和色彩等一系列无法用语言清晰描述的问题，如图1-22所示，同时便于设计者发现及修改设计中尚不完美、不理想的地方。

（三）时装画具有独立的审美价值

时装画以绘画的形式来表现服装的艺术美，但受到服装造型结构的制约，不能像纯绘画那样随心所欲、任意挥洒，因此它具有独特的审美特征。另外，时装画是借助于绘画手段来展示服装的整体美感的，因而具有一定的艺术审美价值。时装画是通过设计师对人体比例和动态进行适度的夸张、变形，并运用比较个性化的绘画语言阐述和表达服装，追求从艺术层面来描述设计师对具体服装款式、色彩及时尚的理解，如图1-23所示。在服装专业教育中通过时装画绘制技法的训练，可以有效地使学生了解服装与艺术美学之间的关系，提高学生的艺术审美能力和时尚文化的理解能力。

时装画产生的最终目的与意义是借助艺术形式的渲染力来推动服装的商品化进程。时装画是宣传推广服装的媒介，是指导生产的依据。今天我们所看到的时装画已经在一定程度上丰富了这一概念，优秀的时装画本身也是非常成功的艺术作品。这既是顺应时

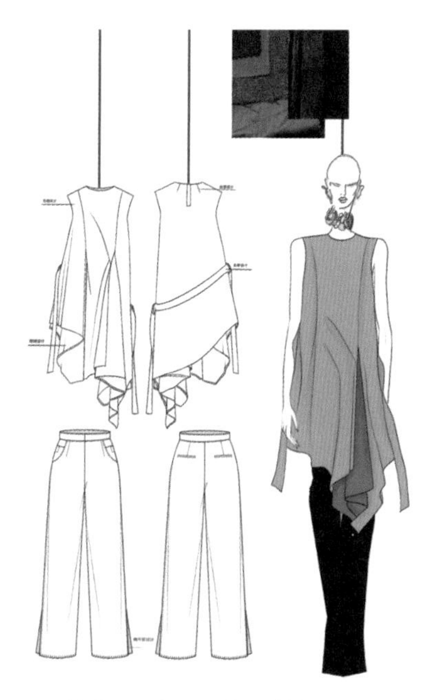

图1-22 款式图时装画（莫洁诗作品）

图1-23 时装插画（莫洁诗作品）

代发展的所需，也是时尚流行的魅力所在。对于时装画的学习者而言，通过时装画的有效训练，可以很好地建立从理念设计快速向具体设计转化的思维模式，生动准确地表现自己的设计思想，并有效提高对“设计”概念更高层面的认识。

第二节　时装画的起源与发展

自古以来，时装就是人们乐于表现的素材。在人类文明发展的最初阶段，时装就已经伴随着社会文化的产生而出现，有其独特的形式美。时装画的出现晚于时装，在人类形成自身的审美观念之后才有所发展。时装画是反映不同时代经济状况、意识形态、主流文化和政治状况的一面镜子。它不仅具有实用性、功能性、商业性的属性，还反映出一个时代的穿着方式及穿着理念，而且蕴含着强烈的艺术性和鉴赏性，承载着不同历史时期创作者的艺术理念和创作精神，把握着时尚的脉搏，站在了时尚流行的最前沿。本节将从时装画的起源、早期时装画和插图、时装画的风格变迁、影响时装画变化的因素以及当今时装画的多样性变化等方面进行探析，对时装画的起源与发展进行系统的讲解，回顾时装画的发展历程，感受其最初的绘画形式及创作技艺。

一、时装画的起源

时装画的起源可以追溯到16世纪早期的“服装装饰画”和“服装肖像画”。时装画的发展历史悠久，我们可以从人类早期的洞窟壁画，如古埃及的壁画（图1-24）、古希腊的雕塑（图1-25）以及瓶画上看出当时人们的衣服形状，也可以从古罗马以后的西方绘画或挂毯上看出当时人们的穿着方式和生活状况。但大多数洞穴画、壁画、雕刻等作品以表现各种人物的着装状态为主，并不是以表现服装为主，由于其目的不同，表现的手法和内涵与时装画有着本质的区别。

16世纪出现了反映宫廷生活的绘画杂志，其中包括一些服饰形象，代表着当时的流行风向，但由于印刷技术还不够发达，描绘服装式样的绘画作品采用的是版画形式。真正意义上的时装画大约在16世纪中叶逐步成为一个独立的画种，最早表现服装式样的版画是以木刻版画形式出现的，在伦敦工作的温思劳斯·荷勒（Wenceslaus Hollar）以蚀刻法创作了世界上第一张真正的时装画。温思劳斯·荷勒是最早以版画形式从事时装画创作的画家。他以蚀刻法创作出的时装版画作品画面精美。1640年，他创作了20余幅时装版画，画中展示了服装各个精确的细节，如图1-26所示。

图1-24 古埃及壁画

图1-25 古希腊雕塑

图1-26 温思劳斯·荷勒铜版画作品

图1-27 时装插图一

从历史源流探析，表现时装式样的版画可分为三个阶段：第一阶段是16世纪30年代至17世纪初，历史上一般称这个时期为服装“样本时期”，由于时装流行周期很长，木版画式样都是时装即成式样的复制。由于这时的版画是木版画，所以称为“木版画时期”。17世纪20年代至18世纪60年代，随着服装的发展，木版画的局限性开始明显，因受质地和手工操作等因素影响，限制了其发展。取而代之的是采用雕刻、腐蚀等各种化学处理方法的铜版画，与传统木版画相比，铜版画相对细腻、生动，使画面更富有艺术效果，印刷更加精美，此时进入了版画的第二阶段，流行史称为服装“版画时期”，以铜版画为主是这个时期的特点。第三阶段是从18世纪70年代到20世纪初。18世纪70年代出现了传达信息的媒体——定期发行的时装杂志，在这些杂志中每期都插有一页或数页手工上色的彩色时装铜版画，因此狭义上的服装版画就是指这个阶段的时装杂志中的插页，如图1-27、图1-28所示。

图1-28 时装插图二

二、早期时装画和插图

时装绘画是一门既古老又时尚的艺术，如果上溯历史，在西方出现最早的时装画是文艺复兴时期的铜版画。这些铜版画与以往绘画最大的不同就在于，它纯粹为了表现人物的着装状态。如1590年出版的《世界各地风情》（*De gli habidi antichi di diverse parti delmondo*）以420幅铜版画表现了欧洲各国以及东方国家的服装，如图1-29所示。

16世纪中叶，定期出版物开始出现。拥有这样的时装画作品是贵族和上流社会的特权，欧洲上流社会与宫廷皇室雇佣大批艺术家创作反映宫廷生活时尚的绘画，在皇家贵族中传播，在这些绘画中不乏非常详尽和生动的宫廷服饰。到了17世纪，一些画家的铜版画作品中出现了许多时装画。他们的铜版画把衣服的细部和面料的质感都表现得淋漓尽致，其中还包括许多着色作品，如图1-30所示。当时的服装画只是对已有的服装式样的记录，尚未对服装流行起到导向作用，其表现手法多采用素描、版画、油画形式，如图1-31所示。

图1-29 铜版画作品

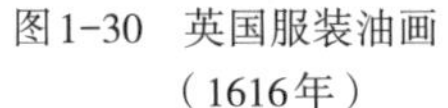

图1-30 英国服装油画（1616年）

图1-31 时装画（1620年）

三、影响时装画变化的因素

时装画的历史是一段不断变革的历史，仅以20世纪为例，时装画的风格已经发生了显著的变化，同样，各个时期所流行的时装人物形象也发生了重大的变化。受到新媒体的影响，风格迥异的绘画方式不断涌现。时尚的潮流瞬息万变，时装画也加快了前进的步伐，而影响时装画变化的因素有很多，包括政治经济因素、艺术文化因素、技术因素等多个方面。

（一）政治经济因素

不同历史时期的时装绘画，都是一批把握时尚脉搏的高素质人群站在流行的前沿进行创造和传播的。它不仅反映了当时人们的品位，更反映了当时的经济状况、意识形态、主流文化和政治状况。从历史上看，任何国家、任何时代的大变革，都会使艺术文化产生巨大的变化，政治变革无疑对时装画的变化具有巨大的影响。当政权掌握在君王手中时，时装画的出现便为宫廷贵族服饰款式作记录，如16世纪的时装画创作者大部分受雇于欧洲上流社会与宫廷皇室，创作的作品大都是反映宫廷生活时尚的绘画，如图1-32所示。拥有这样的时装画作品是贵族和上流社会的特权，是权贵的象征和时髦的表现。同时，时装画作为一种文化现象，深刻反映着一个国家的经济状况。经济的发

图1-32 16世纪欧洲国家宫廷画

图1-33 达利超现实主义作品

达与否，都会极大地影响时装画的变化。经济发达，意味着社会财富广泛分布，同时家庭经济收入超过支付生活必需品的数额，有自由资金可供支配，人们就开始追求精神文化产品，时髦、讲究个性的时装画便成为人们追捧的产品。

（二）艺术文化因素

早在文艺复兴时期，时装画就受到了当时艺术领域内复古思潮的影响，在服装造型和绘画方式上都体现出受这种艺术思潮影响所产生的变化。不同时期流行的艺术及其风格，也会使时装画的流行和发展产生不一样的变化。时装画的辉煌开始于20世纪30年代，这个时期先后出现了多种艺术流派，比如达达主义、未来主义、超现实主义等，这种艺术流派的出现与传播也影响了时装画创作者的作品。无论是马蒂斯的野兽派绘画，达利的超现实主义作品（图1-33），还是塞尚的立体主义，都能成为绘制时装画的灵感来源，给时装设计师和时装画家以创作的冲动与激情。不同地区的各种文化之间的联系和交往，也会促进时装画的变化。绘画艺术流派和不同国家地区之间的文化交流对时装画的发展产生了深远的影响，同时也造就了许许多多的时装画大师。

（三）技术因素

缝纫机的发明极大地推动了服装的发展，时装画、时装插画、时装油画等也蓬勃发展起来。19世纪中叶发明的铜版印刷技术对艺术发展的进程起了重大的影响作用，印刷技术的出现使时装杂志的现代形态得以逐渐成熟。时装绘画作品也被越来越多的知名杂志作为封面和插图，从而产生了一种独特的杂志风格，营造出浓郁的艺术气氛。19世纪40年代出现摄影技术后，时装摄影在流行的传播中以快捷、写实的方便性逐渐取代了一部分时装绘画作品，这使时装画的发展面临着严峻的挑战。

四、当今时装画的多样性表达

当今时装画的表现形式多种多样，从技法出发有多种类型和表现方法，如创作手法上可以大概分为写意与写实两种，前者在创作上重神不重形，主要以简洁、大气、明快的绘制形式来表现创作内涵和精神表达；而写实创作重在真实质感与真实还原，以严谨的创作态度和精确的绘制手法为主要特色，重在“形神兼备”。从画法上分有彩铅、水彩、油画、材质工艺上的拼贴、蜡染、漆艺以及电脑软件的数字化时装画创作等，如图1-34所示。还有多种技法的结合或者不同画种的相互借鉴，甚至尝试完全不相关的两种材料或工具相结合的绘制形式等。

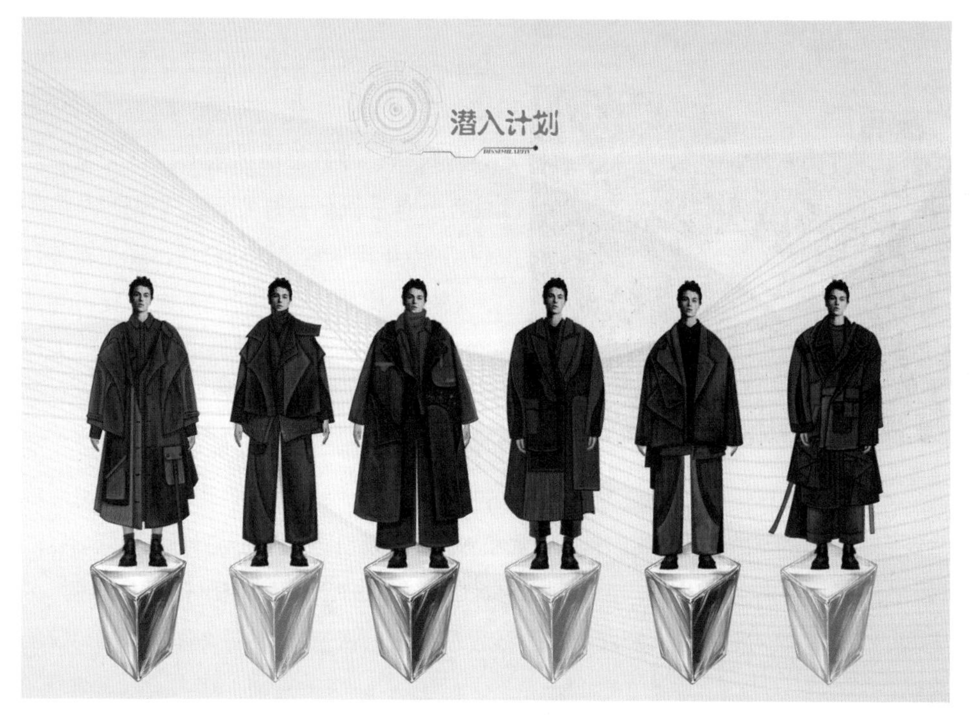

图1-34　电脑时装画（莫洁诗作品）

随着科技的飞速发展和大众艺术审美水平的不断提升，时装画更多地延展到时尚插画领域，当代时装画家不再局限于服装设计的创作，而是融独特性、创造性、趣味性于一体，从理念到完成，以其灵活的表现形式、多种多样的艺术风格表达着画家对服装的理解。以计算机技术为载体的数字化时代也让时装画创作和传播变得更为迅速便捷，数字软件逐步成为时装画艺术家手中得力的创作载体和工具。电脑时装画可以强调明暗对比的撞色，强化色彩的视觉冲击力，夸张人物的动态，加上剪影化的背景处理等手法，使整体画面具有强烈的时尚感和视觉效果。

时装是反映社会变化的一面镜子，时装画同样随着时代的变化而发生变化，成功的插画师都有着时尚嗅觉灵敏的鼻子，时装画体现了插画师的敏锐观察力和个人对于艺术精神的追求。时代在不断改变，潮流更替无常，对流行规律的把握，对流行信息全面整合后有选择性地吸收，是时装画创作者必须具备的专业素养。许多时装画作品都有着画家独特的风格，如当代优秀的时装画家劳拉·莱恩（Laura laine）、李察·基尔罗伊（Richard Kilroy）等，作品风格都具有强烈的视觉冲击效果和鲜明的个性特征。

劳拉·莱恩是近年来国际上炙手可热的时尚插画师，她的作品风格独特，能让人第一眼就留下深刻的印象，人物形象妖娆而神秘，在她的画面里最引人注目也是最有张力的部分就是人物的头发造型。为了强调发型和身体的扭动之势，她弱化了人物的手、脚部分，这样使视觉焦点更加集中，画面效果更加突出。她还钟爱黑白的强烈对比，绘画多以黑白为主，或是以黑白为基底而辅以淡淡的颜色，如图1-35所示。

图1-35　劳拉·莱恩作品

李察·基尔罗伊也是近些年时尚插画界出现的一位青年才俊。他出生于英国，毕业于利兹艺术设计学院。他首次作为时尚插画师被业界认可是在2010年。在这一年他被迪奥品牌和萨默塞特府邀请为展览René Gruau and the Line of Beauty创作插画作品。在这一次展览之后，他收到了多个品牌的邀约和订单，逐步得到社会更多的认可。在2013年4月，他的一系列作品成了维多利亚和艾尔伯特博物馆（Victoria and Albert Museum）永久的珍藏。简洁的色块与写意的画法是李察·基尔罗伊的绘画风格。极简主义的概括用笔与写实主义的细腻刻画都在他的画面里得以融合与体现。这种极重、极轻的画面强对比组合成了他的绘画特点，有着一种如重金属音乐般的节奏感，如图1-36所示。

图1-36　李察·基尔罗伊作品

第三节　时装画的艺术特征

任何门类的艺术都有各自的特征。时装画作为一种画的形式，不同于一般的人物绘画，它具有造型艺术的共同特征，可以说，它是介于美术创作与设计之间的一种艺术形式。时装画以服装为主题，从审美的角度把人及其服饰作为一个综合的整体形象，用一定的物质材料将视觉形象的构成因素——形、色、线作为艺术表现手段，在实在的空间中描绘可以为视觉感官直接感受到的艺术形象，来反映时装的美，表达画家或设计师对社会生活的认识、理解、评价及思想，将艺术的表现力、感染力注入时装内容，在有意味的形式中透出特别的魅力。时装画作为一种设计手法和艺术表达方式，在其表现过程中，常常带有一定的艺术特征和形式语言，总体归纳有以下几个方面。

图1-37 多人构图（王佳音作品）

一、构图形式的艺术特征

构图对于时装画的画面效果起到重要的作用。时装画是为了从形象上理解设计意图等目的，不像一般的人物画那样富于情节性，不需要刻意描绘情节和刻画复杂的人物内心活动。即使在早期的时装版画中，虽多有环境及道具的衬托，但人物及服饰与场景的关系不大，看上去还是突出了服饰的描绘。时装画的构图主要是人物动态的组合，构图中的形象与背景等元素安排得尽量合理，其他衬物衬景可以作为辅助形象服从于主体，构图要注意疏与密、松与紧、大与小，让整体构图有饱满稳定之感，好的构图会使画面更富有张力与美感，如图1-37所示。

图1-38 平展式构图（李慧慧作品）

构图实际上也是一种思维过程，它要将所需表达的东西在画面上建立起秩序，并使之形成一个可以理解的整体，同时体现一定的内容，表达一定的气氛。不同的时装画类型强调的构图形式有所不同。时装画在构图上更加程式化、单纯化，直接给人以表现服装及时尚的视觉形象。多人构图时需将人物按照一定的系列组合构成完整的画面，至于组合方式及人物的动态可依主题风格而定，可单纯地排列，平展式构图，以充分展示服装的效果，如图1-38所示。也可使画面构图活泼些，采用不规则的排列组合，如前后层次的组合、大小比例的组合、相互穿插重叠的组合等，如图1-39所示。

图1-39 前后层次组合构图（学生摹画）

在时装画的构图中，当单一形象作为表现主体时，应明确表现出主题思想，通过具有强烈感染力的服装式样及与其相适应的造型风格体现出来。群体形象的组合构图要强调呼应，使人物动态既相互联系又有区别变化，在总体风格一致的情况下形成协调的画面气氛。如二人或四人系列的构图，一般情况下，人物的比例上要大致相同，动态上风格统一。但有时为了取得特别的效果，可利用强烈对比来破坏这种较严谨的秩序，体现出创意性的构图，如有意将人物进行大小的对比安排，组合上注意疏密关系，形成放与缩的效果。或局部与整体组成同一画面等，造成一种变异的构图，会增加画面的趣味性和灵活性，如图1-40所示。

图1-40 创意性构图（学生习作）

无论是个体还是群体的构图，都需要遵循对称或均衡的基本原则以及节奏的变化规律，寻找设计对象最合适的摆放位置和形态，以表现时装或时尚风貌为宗旨，这是时装画不同于其他绘画的地方。为了衬托主体，也可增加一些辅助性形象以丰富构图的完整性和画面效果，同时可以通过背景和环境的设计完善画面效果，使整个画面富有趣味性、更具完整性，但切不可喧宾夺主，要确保服饰形象是画面的视觉中心。

二、人体夸张的艺术特征

富有韵律的躯体曲线是人类固有的特征。人体的比例、结构造型和肌肉肤色构成了美的形式，被艺术家视为理想的表现对象。在开始创作一幅时装画前，人体素材的选择是一项很重要的工作，优雅、富于张力、有戏剧性的人体动态更能使画面吸引观者的注意力，将观者带入画家所营造的气氛中，如图1-41所示。所以，人体也是时装画的基础及美感训练的重要课题。

图1-41 适当夸张的人体

就人体而言，不同的历史时期赋予其不同的美的内涵，这与人们的审美观念、艺术思潮及服装文化有着密切的关联，古希腊雕塑中的人体比例是在现实基础上经过艺术夸张的，所以它符合人们的视觉审美要求，近似“黄金分割”比例。当今的人体美是以修长、洒脱和浪漫为主要特征的，时装画中的人体不是一般绘画的人体概念，因为我们所描绘的服装设计都要突出某些特质，比现实客观对象更鲜明、更有强调性。所以作为时装画的人体更应夸张其比例，达到视觉效果的最理想状态，如图1-42所示。

大部分时装画都会突出比普通人身体更加修长、窈窕的人体曲线。所以在时装画作品中通常会对人体比例进行夸张，以达到理想的观感效果。比例一般要高于古希腊雕塑中的八头身比例。这种夸张高度并不是均等地将人体拉长，而是主要加长下肢，形成以腰为分割点的上下关系，如图1-43所示。这样不仅使整体比例上达到悦目的效果，还使动态更有节奏和力度。由于下肢的加长，使人体的整体比例夸张到八头身以上的高度，往往一些部位也相应随之夸张，使人体更加修长。如颈部、上肢的长度，手与脚的姿势，胸、腰、臀部的曲线美等。不仅要有纵向长短的夸张，而且要有横向宽窄的夸张，如肩与腰及腰与臀的关系、上肢与下肢的宽窄程度等。当然，具体夸张到何种地步要视绘画者的意图及所追求的风格、时装画的类型而定。

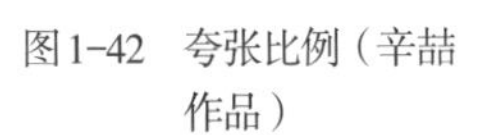

图1-42 夸张比例（辛喆作品）

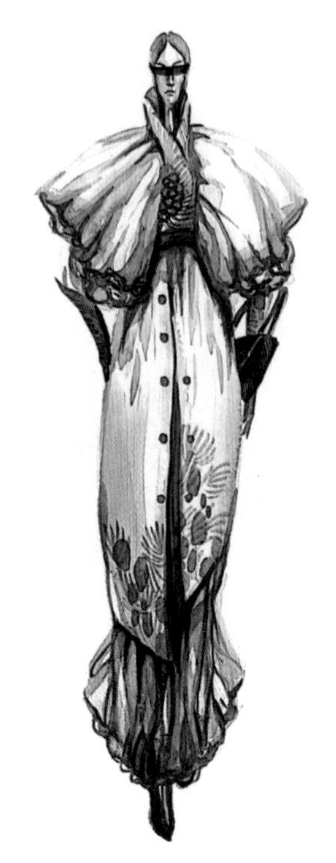

图1-43 九头身人体（杨占武作品）

三、动态节奏的艺术特征

除了对人体的比例进行一定的夸张外，人体动态的节奏感也是形成美感的重要因素，如图1-44所示。节奏在听觉艺术中表现为时间性节奏感，在视觉艺术中被称为空间性的节奏。时装画中经常看到的另一个艺术特征是节奏，节奏是一切事物内在的最基本的运动形式，人们的身体起伏流转即节奏，形式美给予人形象的直觉，这种直觉主要体现为节奏。绘画中线条的有规律排列和流动、色彩的层次变化、结构的间隔和穿插等均可构成节奏。在一幅好的时装画中，要善于利用人体姿态、款式、色彩及用笔、用线的艺术处理来达到一种整体美的和谐。

图1-44 人体动态节奏美

人的动态变化无穷无尽，时装画的要求是抓住哪些动态最能体现服饰美的角度，表现出生动优美的动态。节奏是人体美不可缺少的构成因素，人体线条的曲直刚柔、抑扬顿挫都会赋予人体美的韵律，产生人体节奏感的动与静的变化是有一定规律的。从人体结构来看，实际上有些部位是基本不变的，如头部、躯干和臀部，这些体块只会有透视造型变化，而颈部、腰部可使头部和躯干弯曲扭动，四肢的变化主要由肩、肘、腕及膝、髋关节等运动造成。了解这些部位的造型和动态规律，就容易从根本上理解人体节奏的形成。

图1-45 重心偏移的动态

在日常生活中，人的形体语言更多通过上肢来完成，在没有其他辅助支撑物的条件下，下肢较多时间用于支撑身体，保持平衡。平衡即解决重心的稳定，在立正站立时，重心平均地落在左右两脚之间，使身体非常平稳。若人体有了动态变化后，重心就偏移到一侧或落到一条腿上，另一侧辅助支撑身体，这样身体两侧的线条就会发生变化，头、肩、腰、臀等就形成了交叉的横向线，两侧的线条也会因此出现不同的变化，使人体看上去很有动势感、节奏感，时装画可以根据这一规律变化出多种姿态。如重心在一侧的站立姿态，通过上肢和另一侧辅助站立的腿的变化，可在其他体块不变的情况下，变换出多种动态，如图1-45所示。无论人怎样站得直、稳，也总是会有一部分线条比较活跃，呈动态趋势，一般是不起支撑作用的腿和胯以上部位，尤其是手臂起到调动情绪的作用。而起到支撑作用的腿和腰胯部位会因受力而表现出力度十分夸张的线条，如图1-46所示。

图1-46 动态人体形态

四、强调个性的艺术特征

时装画使人产生一种直观的现代美感，这正是时装画的个性特征所在。时装画常常以简洁、明快而新颖的艺术语言来表情达意，如图1-47所示。强调其在绘画艺术上的独特性和创造性，也是时装画的艺术特征之一。对于一位成功的服装设计师而言，时装画是设计师

图1-47 简洁线条时装画（莫洁诗作品）

个性化想法和独特的艺术形式构成的艺术统一性。

从近年来的时装画作品中可以看出，时装画从形式到主题充分洋溢着前瞻性、个性化的时尚信息，程式化的表现不复存在，效果图与成衣作品形成了高度融合。时装画不仅仅局限于物象状貌的描绘上，应该突破对外形的表面模仿，注重运用艺术手段强化个性化的形式感，如图1-48所示。在艺术加工处理上遵循变繁成简、变平为奇、去粗取精的原则，让观者有想象的余地。时装画不断创新和寻求个性化的过程，就是设计者创新意识与美感探索不断完善的过程。

时装画作为一种时尚的绘画形式，具有区别于其他人物绘画的独特性。不同时装画家创作的时装画作品有着十分鲜明的个性化艺术特征，具有自身独特的美感张力和韵味。时装画是一种以绘画形式呈现的，强调个性和艺术美感，也体现画家的一定思想和观念，采用唯美的线条、夸张的姿态、多变的技法……一幅幅优秀的时装画渗透着对美的倡导和作者的个性化想法的体现。尤其在现代，不断创新发展的时装画不仅反映着时尚美感，时装画家对艺术的追求和个性表达也显得尤为积极和强烈，有着许多新意境、新题材、新形式的时装画作品问世，为时装画注入了新的活力，发展了时装画的表现形式和风格特色。丰富的艺术特征和艺术形式使时装画具有很高的审美价值。

图1-48 个性时装画（莫洁诗作品）

时装画与现代艺术一样，追求形式的单纯化、绝对化和抽象化。那些形形色色的艺术流派，本质上离不开艺术特征，这些艺术特征也适应于时装画的形式，其精神是相互贯通的。总结现代艺术的特征，将它用于时装画的创作是很有必要的。凭借对生活、对事物的深刻理解和较高的艺术修养、敏锐的洞察力，通过想象和虚构功能，创造出来自生活又高于生活的艺术形象。

本章小结

本章主要对时装画的概述、时装画的起源与发展和时装画的艺术特征进行了专业讲授，包括其概念、分类、形式、意义、变迁及艺术特征等。重点对时装画的分类、形式和历史源流方面进行了具体的图解说明，让学生了解到时装画的历史与发展。对时装绘画发展历史的认知与了解使我们更清晰它的发展脉络，并有助于我们从中汲取养分。每个时代不同特色的时装绘画也可以在风格的多样化上给予我们灵感。本章节均以时装画家的经典作品为案例进行讲解，让读者掌握时装画的基本知识，对时装画的发展脉络和绘画风格特征有一个基本的认知，并用这些知识与理论指导时装画创作。

思考题

1. 时装画大致分为几大类型，各有什么特点?

2. 思考时装画的艺术特征对时装画创作的意义，并以不同的特性进行系列时装画创作。

3. 思考时装画和服装设计及设计师的关系，并分析这种关系对设计师进行时装画创作起到的作用。

4. 从自身时装画的绘画经验出发，从现代角度对比过去时装画的形式、风格与内容，思考时装画发展至今有哪些变化?

作业

1. 收集各种绘画工具所表现的时装画效果图。

2. 通过对时装画的起源与发展的学习，选择自己感兴趣的时装画大师，对其作品风格进行研究和临摹。

3. 了解时装画不同的艺术特征，并以不同风格为主题，创作相应的时装画。

第二章
时装画与人体知识

课程名称：时装画与人体知识

课题内容：人体造型基础知识
人体动态表现
人体局部绘画表现技法

课题时间：10课时

教学目的：通过学习使学生了解时装画中人体动态比例结构以及局部绘画技巧，为后续课程打下基础。

教学方式：利用各种图片资料、多媒体讲授等进行理论教学。

教学要求：1. 熟悉时装画人体的基本形状、比例以及动态。
2. 熟悉掌握时装画人体绘画的步骤。
3. 熟悉掌握时装画中人的脸部以及手和脚的表现步骤与技巧。

课前（课后）准备：课前查阅与时装画中人体相关的书籍和图片资料，准备上课用的纸和笔。课后，通过对教材的学习，了解时装画的发展历程，清晰掌握时装画的形式、特征及分类。

有人将服装设计称为“人体包装艺术”，此言确有一番道理。服装是指人着装后的一种状态，服装设计即对于这种状态的设计，而人体是构成这种状态的主要因素。所以，作为服装的设计者，首先应该对人体的审美特性，对服装人体的各部分的相互关系及服装人体的艺术表现等有一个较为宽泛的认识和了解。为了强调时尚的美感，时装画中的人体有别于写实的人体，它是在写实人体的基础上经过夸张、提炼，达到九头身甚至十头身。以九头身为例，上半身的夸张不是很明显，主要是夸张腿的长度。其宗旨是符合现代文化、现代艺术及人们的服饰审美意识，进而能够充分体现服装设计最佳的艺术效果，以创造最理想的美感。

人体是时装绘画的基础，不了解人体结构和形态，就无法进行着衣人体的绘画。当构思时装画中的人物时，应考虑穿在衣服下的人物体型，了解骨骼、关节和肌肉的活动规律才可以创作更加真实的时装画。熟练掌握人体基本知识，可以更好地表现服装的结构、质感乃至意蕴。本章节主要对人体基本结构、人体基本特征、人体绘画技法、人体动态表现等进行了专业的讲授，包括其工具准备、绘制步骤、人体局部绘画表现等知识。重点对人体的结构、单人人体动态、组合人体动态以及人体绘画表现步骤等用图解进行说明。

第一节　人体造型基础知识

人体是一个有机复杂的结构，其中的各个部分相互关联组成一个整体。要掌握时装画绘制的基础，需要了解人体造型的基础知识、人体结构之间的关系，掌握基础的人体动态规律以及时装人体动态的表现方式，才能将设计感融入服装中，绘制出符合视觉审美需求的时装画作品，达到服装和人体的完美结合。因此，在研究服装的结构和表现形式之前，必须了解有关人体造型特征方面的知识，将人体的基本结构、形态和动势规律熟记于心。

一般来说，时装画中的人体模特都会做出适当的夸张与变形处理，从而加强其视觉效果。但无论时装画作品包含了多少设计的创意成分，人体比例标准仍是其必须遵循的基础原则，因为任何服装最后都必须适合人体的穿着。因此要画出具有一定美感的时装画，学习人体基础结构和比例、人体基本特征以及人体绘画技法是极其重要的。

一、人体基本结构和比例

人体是一个复杂的机体，其中所有的组成部分都紧密地联系着，并结合成一个不可分割的整体。其构造是由以下四部分组成，即头部（脑颅、面部）、躯干（颈、胸、腹、背）、上肢（肩、上臂、肘、前臂、腕、手）和下肢（髋、大腿、膝、小腿、踝部、足)。就具体形态而言，头部呈蛋形，颈部呈圆柱形，肩部呈等腰三角形，躯干呈两个方向相对的梯形，前臂、上臂呈圆柱形，腿部呈锥形。

(一)人体骨骼

人体的表面覆盖着皮肤，皮肤下面有肌肉、脂肪和骨骼。人体骨骼是人体结构的基础，骨骼从根本上体现了人类的外形特征。人体由206块骨头组成骨骼结构，如图2-1、图2-2所示，骨头之间通过肌肉和韧带相互连接，达到自由活动的状态，构成人体的支架。骨骼在外形上决定着人的身高、体型以及各肢体肌肉的生长形状与比例关系。人体骨骼的各个关节都能按照身体基本动作的需求而自然地活动。这些关节点在造型上非常明显，尤其是膝、踝、肘、腕等，形体的方硬与肌肉的圆润形成对比。骨骼虽然被包裹在肌肉和皮肤内，但在表皮依然可以看到许多显露部分，这些称为骨点，在时装人体绘画中抓住这些骨点是关键。

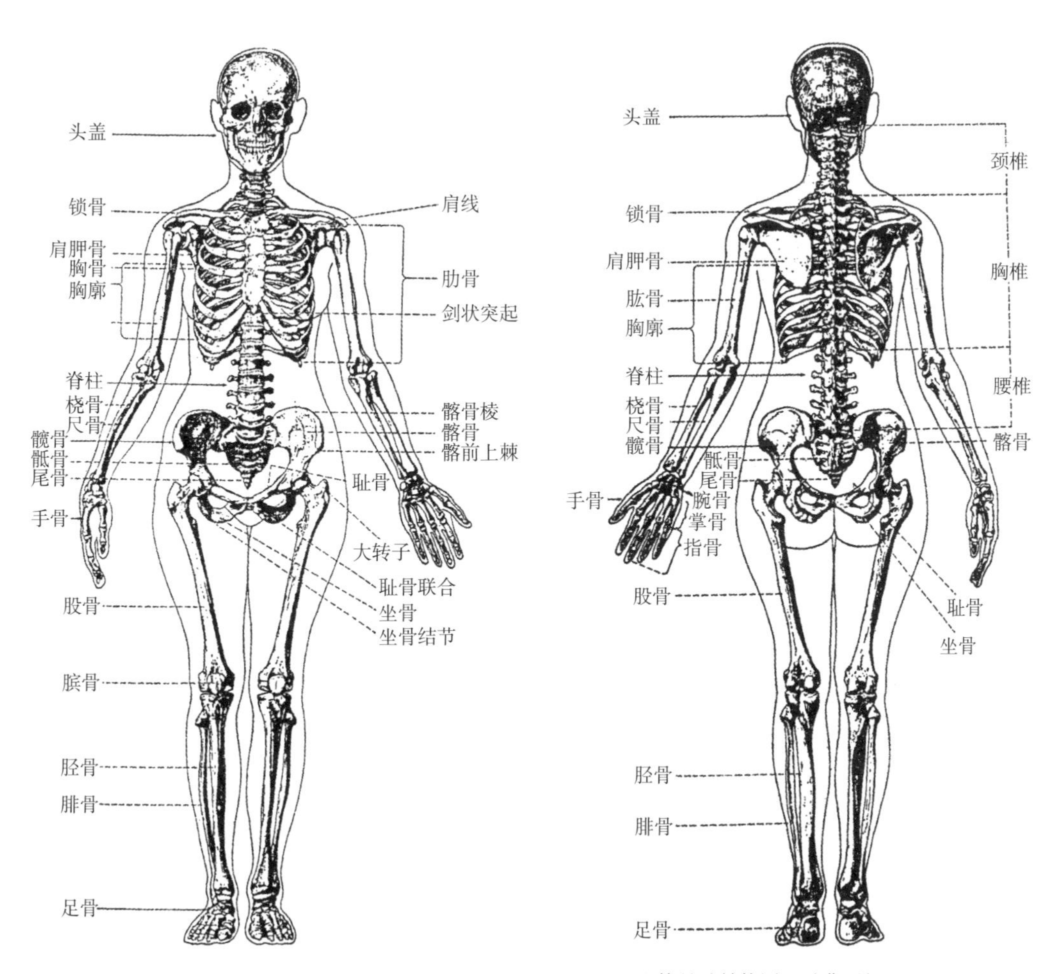

图2-1　人体骨骼结构图一(正面)

图2-2　人体骨骼结构图二(背面)

（二）人体肌肉

人体除了骨骼以外，还有500余块肌肉。肌肉附着在骨骼上，构成起伏婉转的优美曲线，形成绝妙的形体。人体肌肉可分为头部肌、躯干肌、上肢肌、下肢肌四部分。其中主要有三角肌、胸大肌、腹直肌、臀大肌、股直肌、斜方肌、背阔肌等。不同部位的肌肉呈现不同的形状，从而构成人的外在身体特征。了解人体主要肌肉名称和位置是画好时装人体的基础，如图2-3、图2-4所示，特别是在表现贴体紧身衣服造型时，骨骼和肌肉对作品的影响极其重要。

从形态上看，人的基本体型是由四大部分构成的，即躯干部、下肢部、上肢部和头部。人体活动有三维方向（前后、左右、旋转）和六个自由度（三个平动、三个转动），

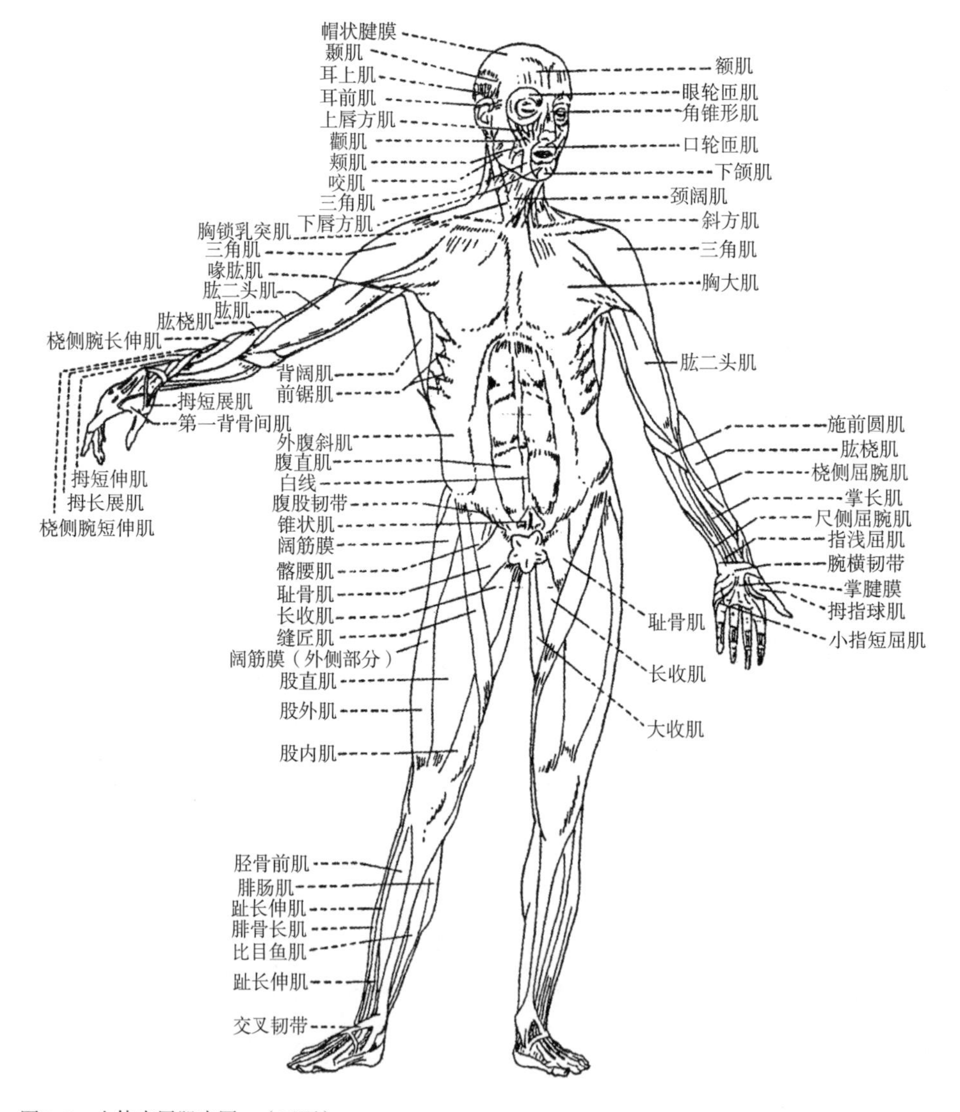

图2-3　人体表层肌肉图一（正面）

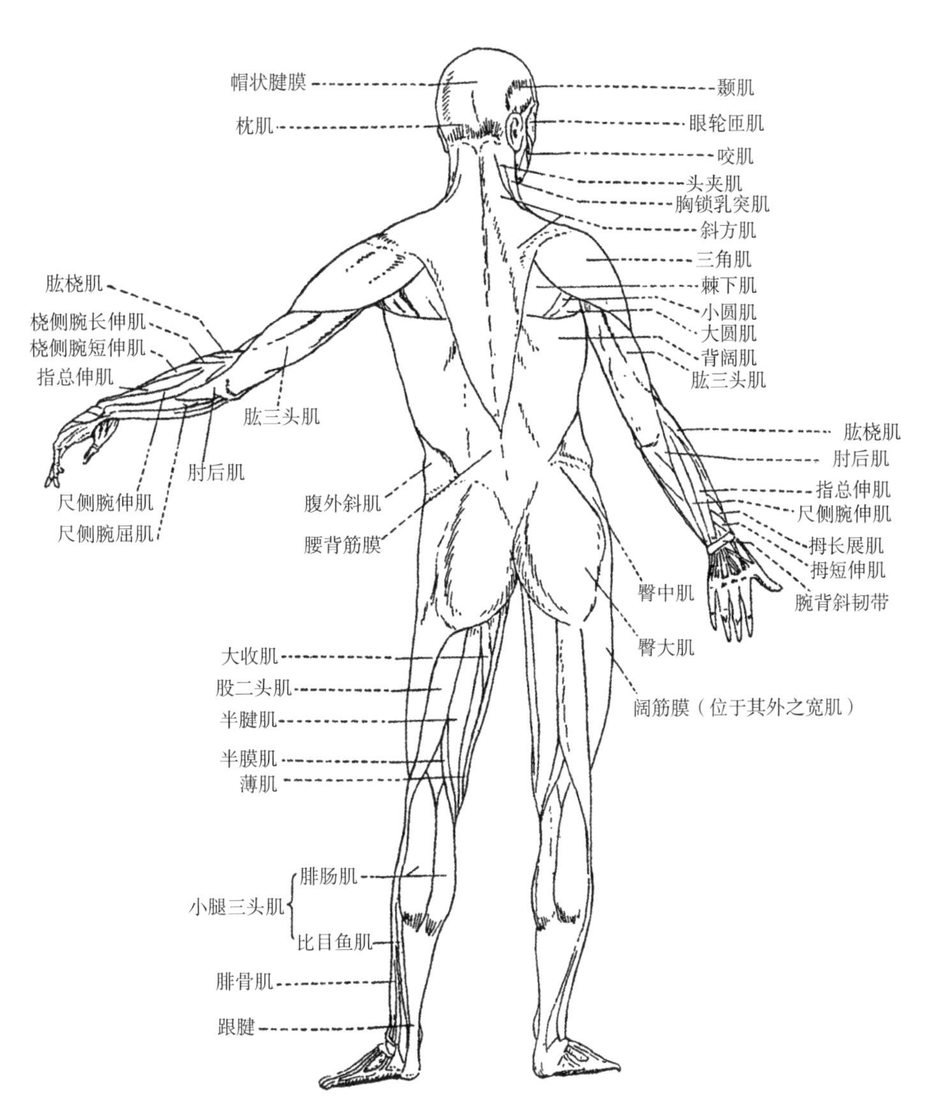

图2-4　人体表层肌肉图二（背面）

这是我们研究时装人体动态规律的依据。人体的脊柱是躯干的支柱，连贯着头、胸、骨盆三个主要部分，并以肩胛线和骨盆线为纽带，连接上肢和下肢，形成了人体的基本结构。此外，无论人体动作发生怎样的变化，人的头骨、胸腔和骨盆的基本形状是不会改变的。

（三）人体比例

人体是由各部分形体按照一定的比例关系结合构成的，正确地塑造人体，必须掌握比例的一般规律。时装画中的人体造型与实际人体是有一定的差别的，鉴于对画面整体视觉效果的考虑，在绘制时装画时通常会对人体各部位的比例进行相应的调整和美化，主要是加大下身的比例。一个头身即以一个头的长度为测量单位，来测量从头到脚的长度。现实生活中，正常人体一般为7.5头身或8头身，亚洲许多地区以7头身居多；而时装画中的人体比例普遍为8.5头身或9头身，有时甚至还会夸张到10头身，如图2-5所示。以这种夸张身长的手法得到的人体，能更好地表现着衣状态，因此在画时装人体时，躯干部分尤其是腰部要适当拉长，最重要的是将腿部尤其是小腿部加长，得到最适宜表现衣服的形象。

在人体造型研究中，通常以“头长”为基本单位，来比较人体部分与整体之间、部分与部分之间的空间比例关系。8.5头身男性人体是视觉艺术作品中最理想、最完美的人体比例，借“8.5头长”的比例分别了解人的基本形体，便于记忆和表现。取头顶到足跟的人体高度。从头顶到下颌为一个头长，从下颌到乳头为一个头长，从乳头到肚脐为一个头长，从肚脐到胯部（表现为坐平面）为一个头长，从胯部到膝盖底部为两个头

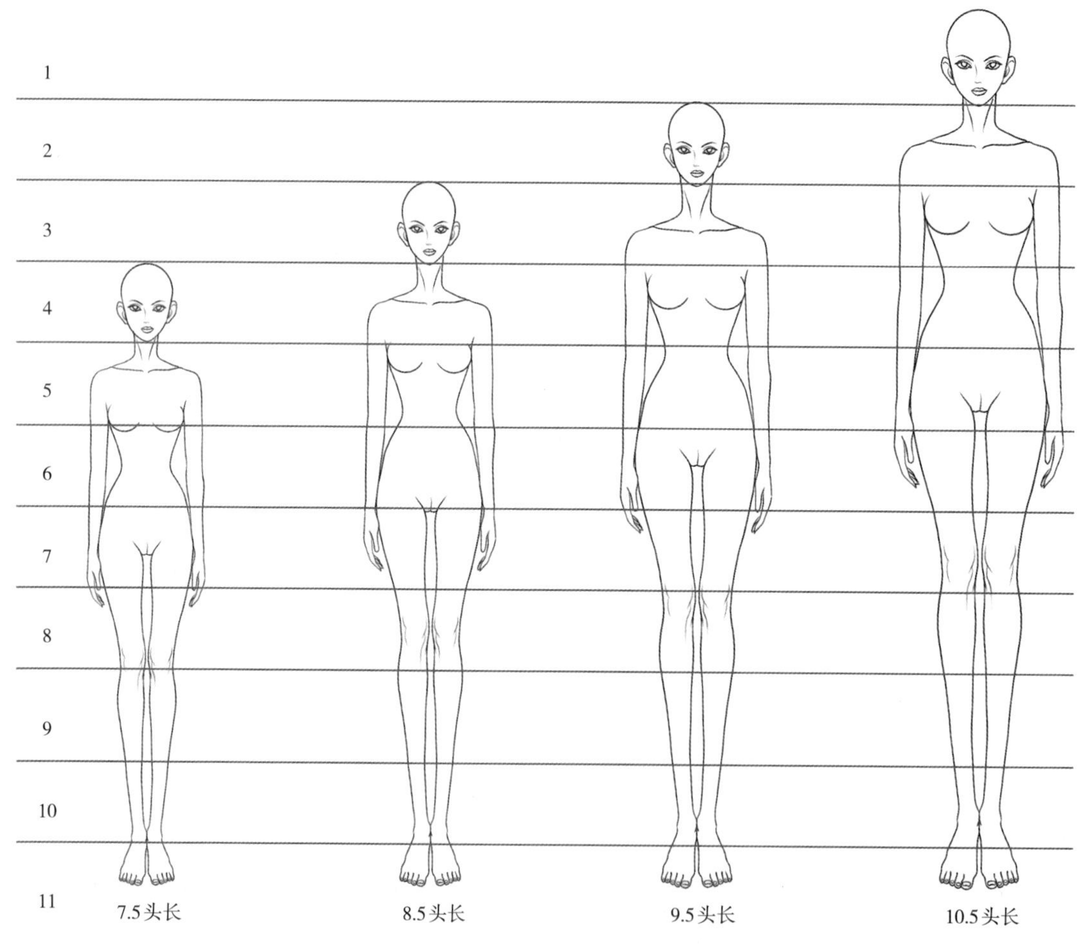

图2-5　不同比例人体

长，从膝盖底部到脚踝为两个头长。人体高度的二分之一处于耻骨联合，双手平伸直展宽与身高大致相等，如图2-6所示。

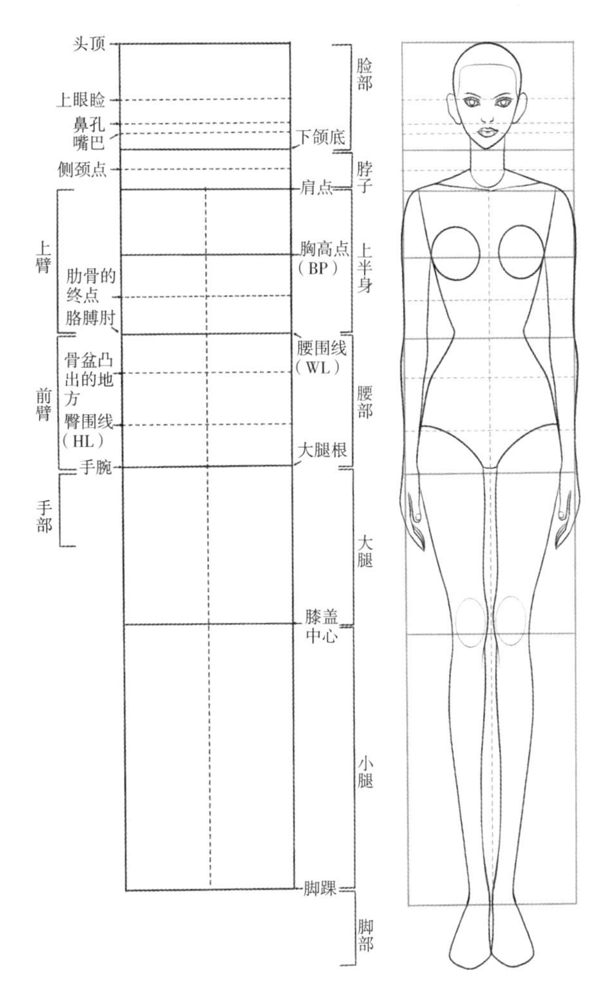

图2-6　人体各部位比例参考图

第1头长：自头顶至下颌底；第2头长：自下颌底至乳点以上；第3头长：自乳点至腰部；第4头长：自腰部至耻骨联合；第5头长：自耻骨联合至大腿中部；第6头长：自大腿中部至膝盖；第7头长：自膝盖至小腿中部；第8头长：自小腿中部至踝部；第8头半长：自踝部至地面。

男性肩宽等于2个头宽，女性肩宽小于2个头宽。男性腰宽大于1个头宽，女性腰宽等于1个头宽。男性臀宽小于1.5个头宽，女性臀宽等于1.5个头宽。

（1）上肢和手的比例：上肢分为上臂、下臂和手，上肢总长为3个头长，其中上臂为$1\frac{1}{3}$个头长，前臂为1个头长，手为2/3个头长。手分为指、掌两部分，如图2-7所示。

（2）下肢和脚的比例：下肢由大腿、小腿和足三部分组成，其中大腿为$2\frac{1}{3}$个头长，小腿至足跟为2个头长。足又分为趾、掌两部分，全长为1个头长，如图2-8所示。

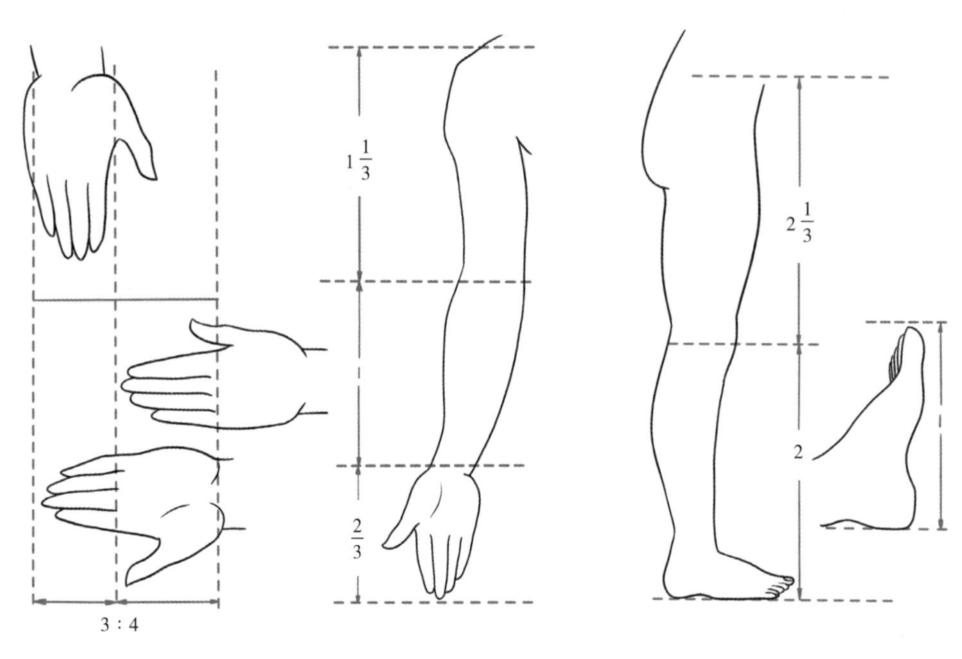

图2-7　上肢和手的比例

图2-8　下肢和脚的比例

人的一生要经历婴儿期、幼儿期、少年期、青年期、中年期、老年期等阶段。随着年龄的增长，不同年龄的人全身比例也有所不同。一般来讲，年龄越小，头部占全身比例越大，垂直比例越小。在人体发育过程中，年龄越大，头部越小，下肢占全身的比例越来越大，胸部和肩宽变得宽阔。胸部和肩宽在发育过程中变阔，腰围在步入中老年后变粗，如图2-9所示。因此，时装画应准确掌握人体在不同年龄阶段的比例和体态变化。

二、人体基本特征

男性和女性基本的形态在直观上存在一些差别，主要区别在于骨盆和胸廓，女性有较大的骨盆，男性有较大的胸廓；女性腰线在脐线上方，男性腰线在平脐线或正好在脐线下方；男性一般肩膀比较宽而臀部比较窄，女性肩膀稍窄而臀部较宽。此外，在腰部的位置男性和女性也存在差别，女性腰部比较高，男性腰部相对比较低；女性腰细，男性腰粗。女性胸窄，男性胸宽且呈方形，如图2-10所示。

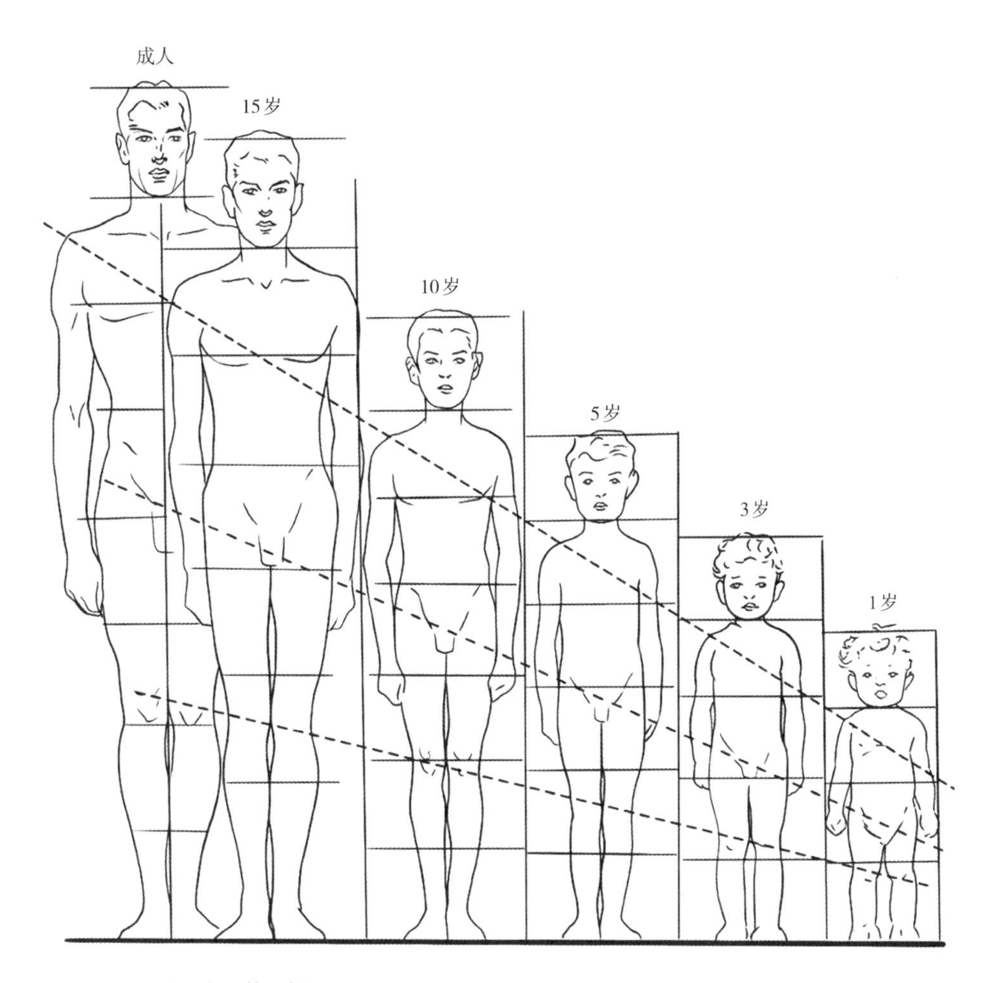

图2-9　儿童和青少年人体比例

（一）男性人体的基本特征

从生理学的角度看，男性和女性的体型特征有着明显的区别，一般来讲，男性人体骨架、骨骼较大，肌肉发达突出，外轮廓线刚直；头部骨骼方正、突出，前额方而平直；脖子粗而短、喉结突出；肩膀高、平、方、宽；胸部肌肉发达、宽厚；髋部较窄；骨盆高而窄，臀部较窄，由于脂肪层薄，骨骼、肌肉较显露，大腿肌肉起伏明显，小腿肚大，脚趾粗短。因此绘制男性人体时，在拉长比例的基础上，还可以适当地强调各部位的肌肉形态。

（二）女性人体的基本特征

一般来讲，女性人体头骨圆而小，脖子细而长，颈项平坦；肩膀低、斜、圆、窄，胸廓较窄，胸部乳房隆起；髋部较宽；腰部较高；盆骨宽而浅，臀部向后突出且比较宽

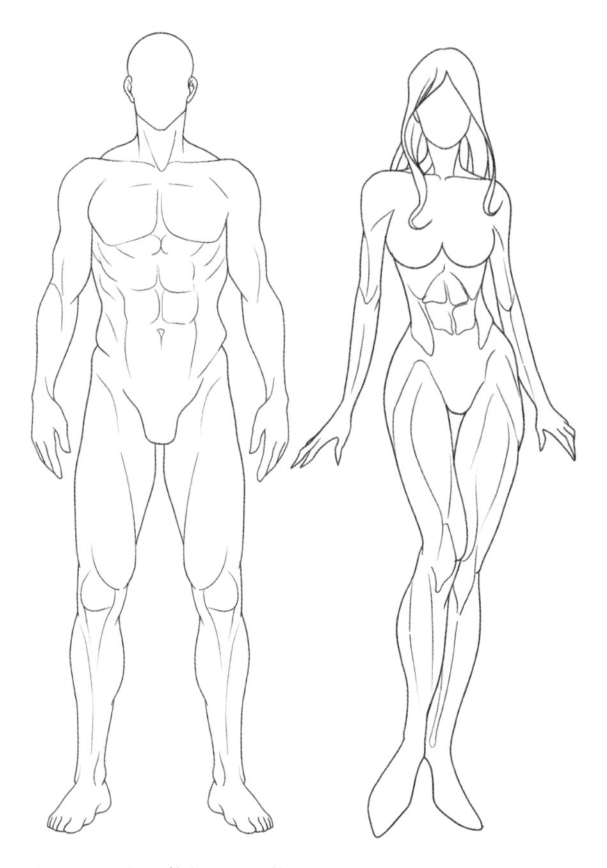

图2-10　男性人体与女性人体

大。与男性人体相比，女性的身材相对较窄，大多数人臀部是身体的最宽处；乳头位置略低于男性，腰部宽度约为1头长。女性脂肪层大多较厚，掩盖了肌肉的明确划分，躯干表面圆润，大腿肌肉圆润丰满，轮廓平滑。因此绘制女性人体时，要注意大腿和小腿应适当拉长，还应注意刻画其整体姿态的曲线美。

三、人体绘画技法

（一）工具准备

1. 纸张

在绘制时装画时，根据绘画方式的不同，通常会采用马克笔专用纸、白卡纸和水彩纸等进行作画，马克笔专用纸紧密而强韧、无光泽、尘埃度小，易于表现马克笔利落的笔触感，同时可以减少马克笔笔尖的损耗，如图2-11所示。由于铅笔的铅末颗粒较大，而且很多细节需要深入刻画，如果在纸上反复涂抹很容

图2-11　马克笔专用纸

图2-12　白卡纸

易划破，因此通常会选择使用较厚的白卡纸，如图2-12所示。

2. 笔

在绘制时装画人体或线稿时通常使用自动铅笔，自动铅笔是一种既方便又富于表现力的工具，它能够将转瞬即逝的视觉信息快速地记录下来，不同型号的自动铅笔画出来的线条粗细不同，适合绘制的部分也不同。目前市面上常见的自动铅芯主要有几种规格：0.3mm、0.5mm、0.7mm、0.9mm、1.3mm、2mm，在时装画中常用的是0.3mm和0.5mm。0.3mm的铅芯较细，画出来的线条比较浅，适合绘制时装画的草稿，或者用于处理时装的细节效果。0.5mm的铅芯相对粗一些，画出来的线条适中，适合描绘确定的线，比如时装画的线稿、人物轮廓等，如图2-13所示。

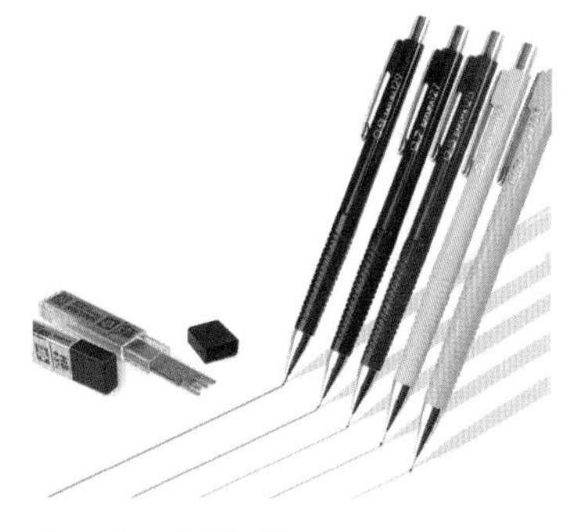
图2-13　自动铅笔

在绘制时装画时常常会用到硬头针管笔，如图2-14所示，针管笔有粗细之分，可以用于轮廓和细节的处理。常用的针管笔主要有黑色和棕色两种，一般棕色针管笔多用于勾勒人体轮廓，黑色针管笔多用于勾勒服装轮廓。

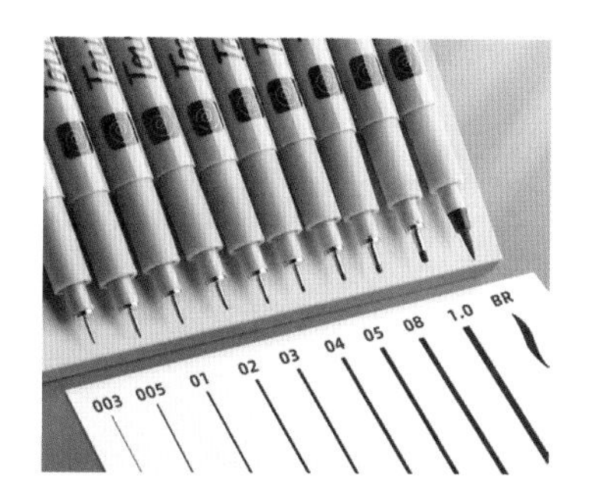

图2-14　针管笔

3. 橡皮

常用的橡皮有硬橡皮和可塑橡皮。硬橡皮主要用于线稿的调整，擦除多余或者错误的地方，如图2-15所示。可塑橡皮是无须磨损纸张就可以擦除污迹、柔软且有韧性的橡皮。如果变脏了或者变硬了，可以重新糅合再使用。在擦拭过程中，可以根据要擦除的面积大小塑造形状，还可以大面积擦虚线条，使画面效果更丰富，如图2-16所示。

图2-15　硬橡皮

4. 直尺

最开始练习时装画的时候需要准备一把30cm以上的直尺，以便于在纸上找到相对应的人体比例位置，确认人体高度、头部大小、胸廓尺寸、胯部宽度、膝盖位置等，如图2-17所示。

（二）人体绘制步骤

通过对人体的研究可以发现，人体的基本构成是头颅、胸廓、骨盆和上下肢，人体动态的变化主要是由肩部、腰部、臀部和上下肢的活动产生的。人体的骨骼和肌肉是复杂的，我们可以把复杂的人体外形概括成简单的几何形体：头部可以看作一个椭圆球体，颈部可以看作一个圆柱体，胸廓至腰部可以看作一个上宽下窄的立方体（全正面角度时是一个梯形），腰部至骨盆底部构成一个上窄下宽的立方体（全正面角度时是一个梯形），四肢可以看作圆柱体。在画人体动态前，先定出人体的大致比例，确定人体中心线，再观察左右两侧的形状变化，然后依据人体的基本构成画出胸廓、骨盆和上下肢的大致造型及大体走向，抓住主要骨点，然后逐步深入刻画。以下最为常见的正面行走动态为例来讲解人体的绘制步骤。

（1）步骤一：确定人体的中轴线，大概确定9.5个头长的长度，在1个半头左右确定肩的高度和宽度。第3个头的位置大约是腰的高度，从腰线下来1个头长多一点是髋线的高度，稍微确定膝关节（髌骨）大概的位置，大腿长约2.5个头长，小腿加上脚约为3.5个头长，手指下垂大约到大腿中部，如图2-18所示。

（2）步骤二：确定大的比例关系以后，根据要表现的人体动态特点确定肩线、腰线和髋线的倾斜方向，如图2-19所示。由于是行走的姿态，右腿迈出，步幅比较小，肩线基本没有变化，腰线和髋线向同一方向倾斜。确定迈向前的右腿和甩向后的左腿倾斜方向，左腿由于向后甩，有一定的透视，长度变短。

（3）步骤三：从肩点连接到腰线，画出胸腔的倒梯形，从腰线连到髋线画出骨盆的正梯形。胸廓的倒梯形的底线在腰线稍微偏上一点的位置，如图2-20所示。由于腰线倾斜，胸廓的基本形状也发生了微妙的变化，骨盆跟着倾斜。接下来是大腿的长度，从第4个头长向下约2.5个头长画大腿上大下小的圆柱形，留出髌骨的位置，画出小腿的长度，约3个头长，剩下0.5个头长左右是脚的长度。接下来勾画出四肢的基本形状。

（4）步骤四：根据前面所讲到的人体各部位的基本形状特点，将四肢描绘出来，注意四肢的粗细。逐渐将各部位的形状画得更具体，一定要注意各形体廓型的宽窄比例和粗细变化。连接各个关节，并进一步细致刻画。时装画人体的肌肉常用流畅、柔和的线条进行表现，各部位外轮廓的结构穿插和细微处理是关键问题，关节连接也要考虑形体转折，如图2-21所示。

图2-16 可塑橡皮

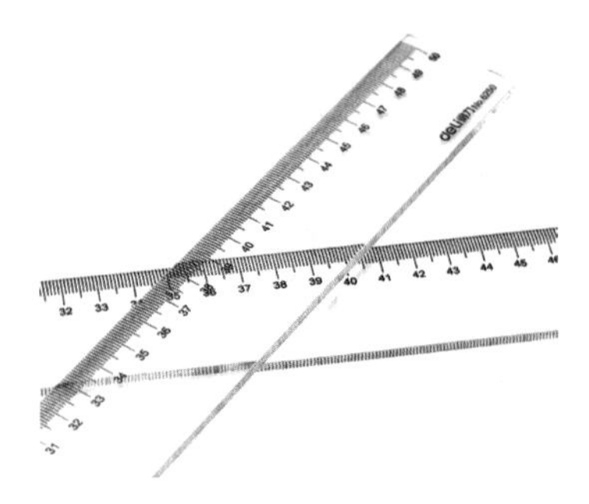

图2-17 直尺

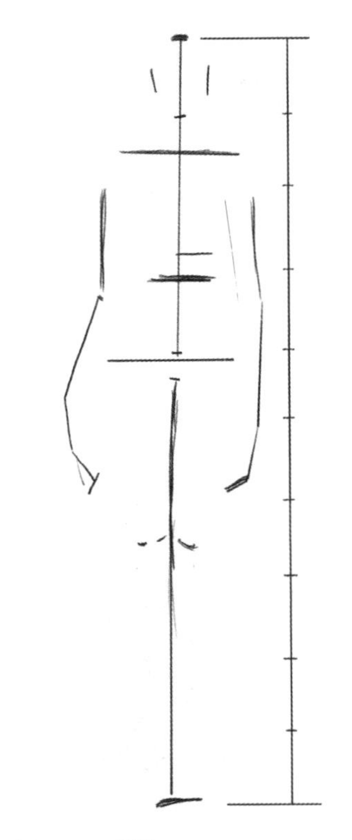

图2-18 步骤一

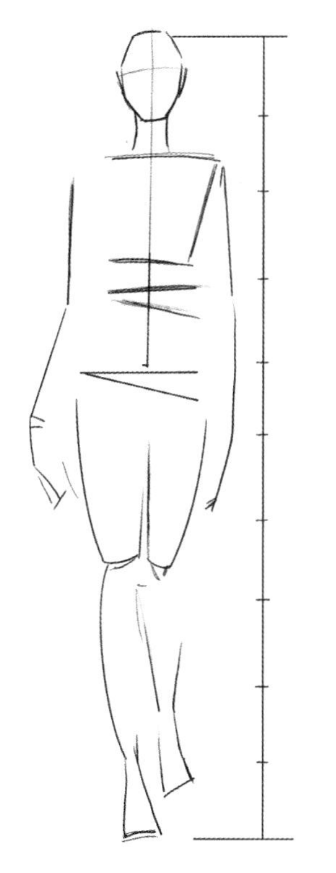

图2-19　步骤二

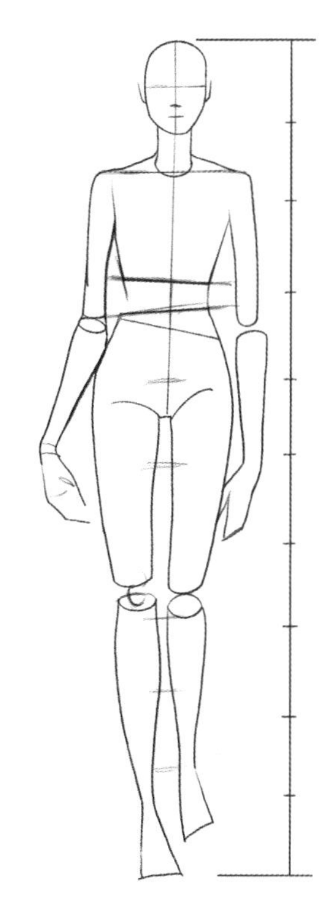

图2-20　步骤三

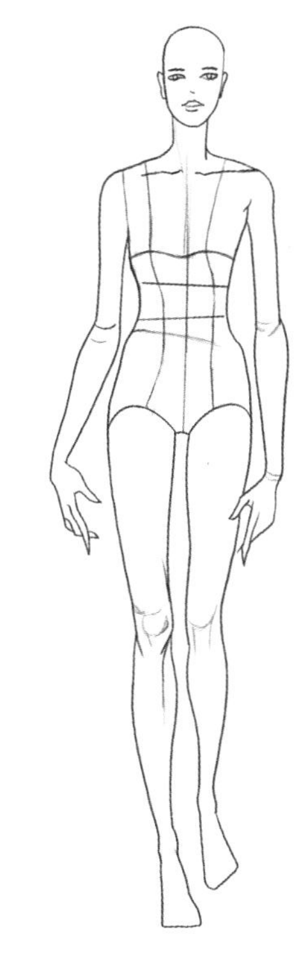

图2-21　步骤四

第二节　人体动态表现

人体的整体与局部之间、局部与局部之间存在着和谐的构成关系。人体在运动过程中自身有很好的协调能力，人体的结构动态线会随着人体的不同动作、不同的扭动程度而产生不同的相交角度。要表现不同的服装穿在人体上特有的美感，除了表达服装的形象美感，还需要学习和掌握人体造型动态特征方面的相关知识，这一点对于学习时装画具有十分重要的意义。

一、人体动态造型规律

人体动态复杂多变，无时无刻不处于运动和相对静止状态。因此，构筑时装画人体姿态并不是一蹴而就的事。掌握时装画人体基本特征和比例后，还需进一步研究人体动态造型规律，掌握人体的体积、重心、中心线等结构关系，以求达到时装画人体动态的准确、生动、自然，赋予人体动态生命感，进而丰富时装画人物动作的节奏性，满足服装款式及风格的需求，增加服装设计的艺术效果，增强画面的张力感，在视觉上形成更具完整性的艺术感染力。

（一）中心线和重心线

人体的站、坐、走等姿态需身体各部位根据重心和着力点来达到平衡，或者说人体运动时各部位的关系变化都是为了保持重心，达到平衡。在学习人体动态基础时，首先要掌握影响人体动态造型的两个基本因素：中心线和重心线。由于人体动态的不同，其中心线和重心线之间的关系也会发生相应的变化。

中心线即人体躯干的前后中间部位，从正面看，人体的外形基本上是以人体的脊柱为基准左右对称的，通过它可以观察人体动态转向的角度。中心线相当于人体的骨架结构线，人体的姿态发生变化，中心线也会随之发生变化。中心线会随着胸部和臀部产生角度变化，如人体水平站立时，中心线位于躯干的中间，人体转到正侧面时，前后中心线变成了躯干的轮廓线。但不管人体姿态怎样变化，前中心线和后中心线都是连接躯体和承重腿的主要参考结构线。在时装画中，人体的姿态变化无穷，只要把握中心线这个关键，就能基本掌握人体动态的基本规律。

中心线会随着人体扭动、转身、倾斜、侧身时体态的变化而改变。前中心线是一条从躯干上端到躯干底端的短线，它的主要作用是帮助改变肋骨和骨盆在动势里的位置，后中心线以后脊椎骨为定位依据，成为背面人体结构表现的参考线。在人体动态变化中，中心线常常发生角度偏移，不与地面垂直，而重心线作为一条穿过人体的垂线始终与地面保持垂直关系，中心线与重心线在表现形式上有着功能作用的差别。在中心线与重心线差别对比中，三个姿势强调了各种人体动态中的中心线关系，如图2-22所示。当人体动态处于水平、正面站立时，重心线与中心线重合。

重心线是经过人的锁骨窝点且垂直于地面的线，其是一条辅助线，一般情况下，重心线会落在承受力量的脚上。重心是人体重量的集中作用点，不论姿态发生何种变化，人体的各部位都围绕着这一点保持平衡。立正姿势时人体的重力由双脚平均支撑，重心线是锁骨中点到脚跟的一条垂线，将人体躯干分为左、右对称的两部分，并反映了人

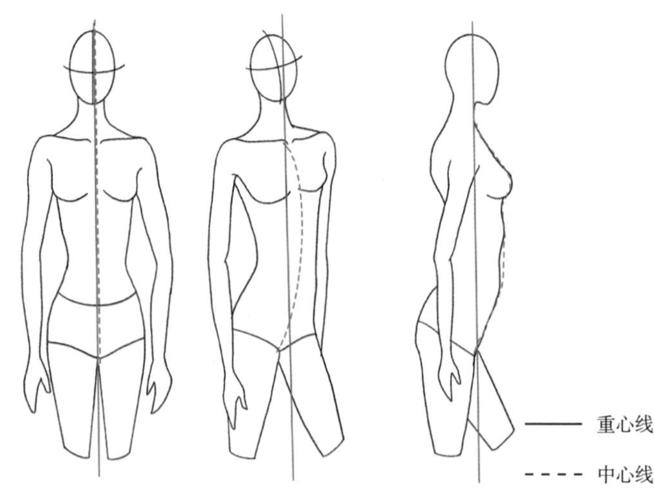

图2-22 中心线与重心线

体动态的特征和运动的方向。它是分析人物运动状态的重要依据与辅助线，始终作为一条垂直线的形式存在。重心线位置形式可以归纳为三类：双腿间的支撑面内、两只脚上、一只支撑脚上，如图2-23、图2-24所示。

重心线能够帮助分析、判断人物的姿态是否稳定，控制人体动态的幅度与运动方向，从而让人物姿势产生平衡和谐状态。若重心不稳，整张画面会产生倾倒的感觉，破坏画面效果。

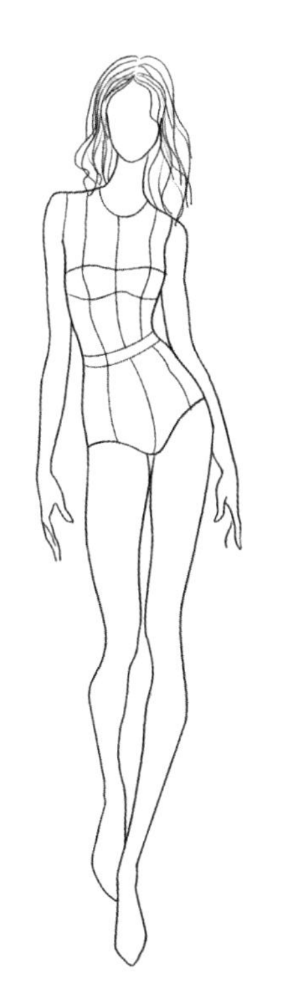

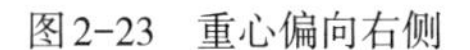
图2-23　重心偏向右侧

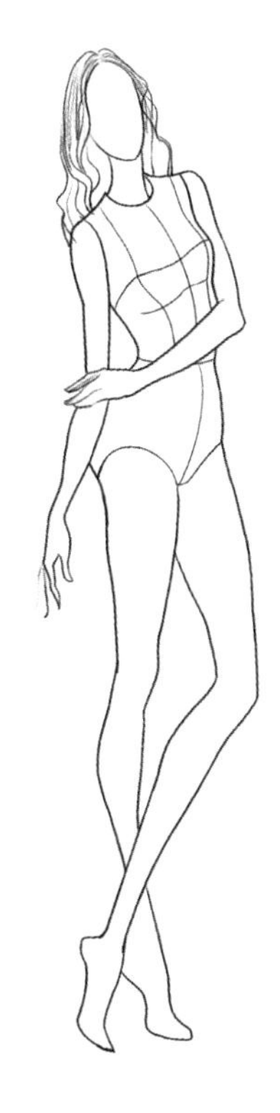

图2-24　重心偏向左侧

（二）三体积

人体的头部、胸部和骨盆三部分的形体可概括成三块立方体，呈三体积，如图2-25所示。三体积是固定不变的整体，各自成为一个整体，由脊椎贯穿连接，脊柱的活动可使三部分体积相互发生不同的位置变化。当人体发生扭转运动时，通过颈部、腰部、臀部的错位与轴向运动变化，使这三个整体在力的作用下产生不同方向的重新组合，变化出无数的动态。人体脊柱的弯曲、旋转，形成了三体积的俯仰、倾斜和扭动等不同的状态，这些位置的变化，显示了人体躯干的基本形态，同时也形成了不同的透视变化。其相互关系是人体动态造型生动的关键。

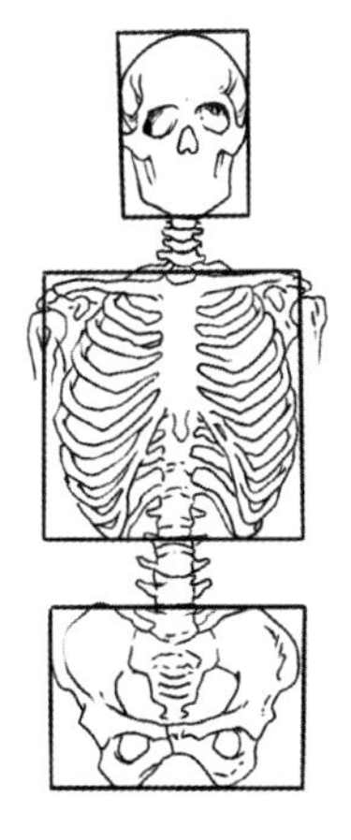

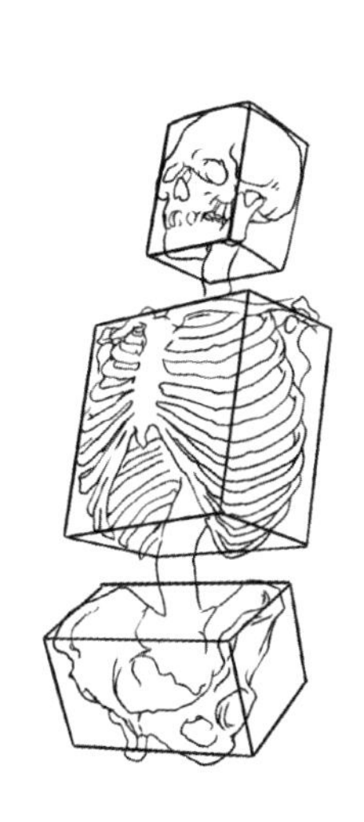

图2-25　三体积

（三）三横线

三横线即人体的肩线、腰线与臀线。三横线的相互关系显示了人体上下两部分形体的相互关系和变化。当人体呈静止水平状态站立时，肩线、腰线与臀线呈平行状态，但当人体发生运动或发生扭曲时，腰线与臀线始终保持平行关系，肩线和臀线则呈现出相反方向的倾斜运动状态，并且肩线与臀线之间的角度幅度越大，身体扭动的幅度越大，动态交错相对的幅度就越大，动态也就越夸张。另外，膝盖之间的倾斜度都遵循一般规律，与臀部的斜向一致。例如，人的重量落在左脚上，骨盆右侧就高起，臀线就由右侧向左下方倾斜，肩线则向相反角度倾斜，人体才能保持平衡。

当人体完全直立的时候，肩线、腰线、臀线都处于水平位置，但当人体的重心从一侧转向另一侧时，躯干支撑人体重量的一侧的髋骨部抬起，骨盆向不承受重力的一侧倾斜，肩膀则向身体承受重量的一侧放松，肩线和臀线呈相反方向发生倾斜来保持人体平衡。肩线和臀线不同角度的变化也构成了人体各个不同姿态的基本法则。在绘制时装画人体时，一般采用行走的人体动态较多，在这种动态下的肩和臀之间呈现出一种相互协调的结构关系，类似于“＜”和“＞”。人体中心线位置的偏移朝向是“＜”和“＞”符号缩小的方向，如图2-26所示，人体躯干随人体中心线偏移，支撑脚落点靠近或落在重心线上。

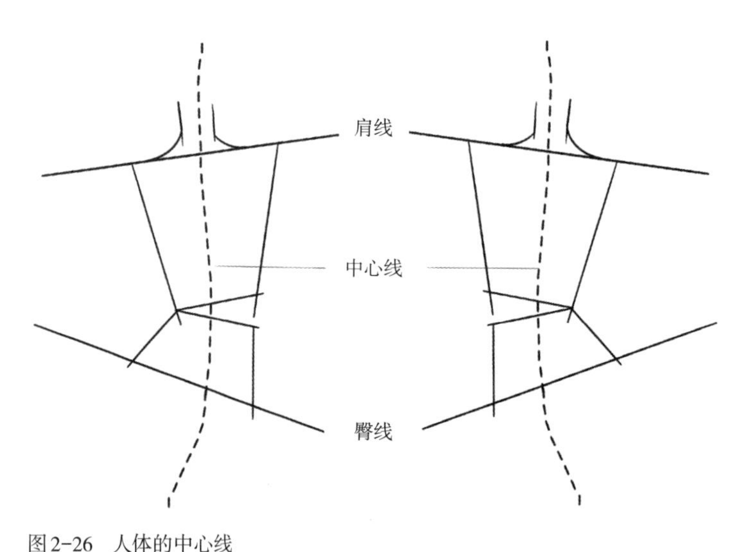

图2-26 人体的中心线

（四）四肢

四肢包括上肢与下肢，都是连接在躯干四端近粗远细的圆锥形体块。下肢由髋关节、膝关节和踝关节相互连接。上肢由胸部延伸出肩、上臂、前臂、手等部分，并由肩关节、肘关节、腕关节相互连接。下肢支撑着全身的重量，并能够使人体在地面上自由地移动，形体显得坚固有力。上肢是人体主要的劳动器官，结构上不像下肢在骨盆的髋部连接得十分牢固，而只依靠胸锁关节与躯干相连，也称作游离上肢，以适应上肢各种灵巧复杂的动作。形态上也较下肢纤细，前臂还能旋转，手的动作更是千变万化。四肢变化呈现出人体运动过程中的一种状态，也可以用来表达丰富的情感和思想，因此，四肢表现应注重与人体三大体积的关系，同时也有利于服装款式的表达。

二、单人人体动态表现

（一）单人站立动态表现

简单站立动态时，人体躯干的动态变化较少，关键是手臂和腿的位置变化。四肢的动态变化会带来小幅度的重心偏移，当人体处于站立姿态时，不论站立的姿态如何变化，人的重心线都经过锁骨的中点并垂直于地面。而两条腿受力情况不同则直接影响重心线到两条腿之间的距离，受力越多的腿离重心线越近，受力越小的腿离重心线越远。因此，在重心线位置和上半身动态不变的情况下，腿形可以发生多种变化，尝试多种站姿。根据动态幅度可分为静止型动态与动作型动态。

1. 静止型动态

它是时装画表现中最为常用的人体姿态，这种动态人体重心稳定，动作幅度小且不夸张，易于表现服装的造型结构特征，较为适于表现典雅礼服款式，可以作为初学者开始学习人体结构时首选的动态，如图2-27所示。

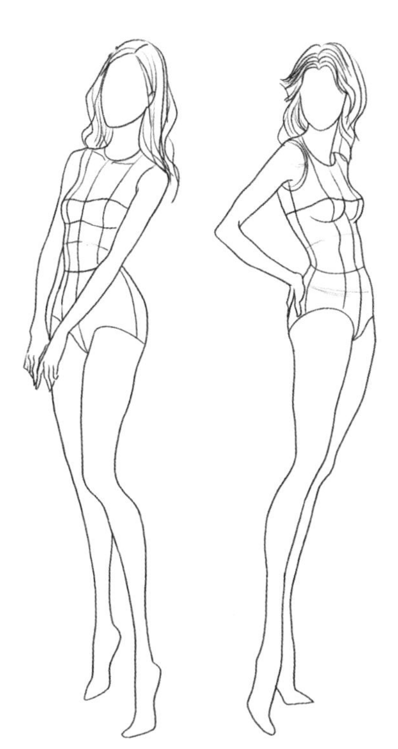

图2-27　静止型动态

2. 动作型动态

它也是经常被采用的人体姿态。动作型动态扭转幅度较大，动态重心线与中心线会产生较大的角度偏移，整个身体多呈现出复杂的肢体交错形态。因其具有强烈的动感效果，能够吸引人的注意力，营造出醒目的画面气氛，所以动作型动态更适用于表现时装画创意风格及男女运动装、表演装、硬朗的中性款式等。动作型动态绘画具有一定的难度，需大量训练才能获得好的表现效果，如图2-28所示。

3. 常见单人站立动态展示

人体的站立动态是多种多样的，下面以常见的几种人体动态作为展示，如图2-29～图2-31所示。

图2-28　动作型动态

图2-29　常见站立动态一

图2-30　常见站立动态二

图2-31　常见站立动态三

图2-32　常见行走动态一

（二）单人行走动态表现

行走的动态是时装画中为了展示服装效果而最常用的动态，行姿增加了画面的动感，在表现T台系列服装款式时极具特色。人在行走时，身体结构会发生明显的变化，躯干会随着腿往前迈而产生小幅度的扭动，当左腿在前时，右臂也一定是在前端的，动态线都走向人体的左边；反之，右腿前迈，左臂在前端，动态线都走向人体的右边。在绘制行走动态时，由于腰部的扭动引起胸廓和骨盆间相反的摆动，注意表现这种扭动，整个形象就会生动而不呆板。行走的动态比站立的动态更生动一些，是时装画绘制中最常用的动态。从行走的人体动态中可以发现，在动态不变和手臂伸直的状态下，可以以肩点为圆心，以手臂长度为半径随意调整手臂的位置，尝试更多的动态，如图2-32～图2-34所示。

图2-33 常见行走动态二

图2-34 常见行走动态三

（三）单人蹲坐姿动态表现

为了使时装画更具艺术美感，常常会采用各种特殊的人体动态去表现相应的服装。例如蹲姿和坐姿，需要经过长期的练习来积累动态，才能将其生动地展现出来。蹲下的姿势会使画面重点集中、构图丰满，常常用侧面或弯腰的姿势来表现裸露的后背或是紧身的时装，是创意类时装画的常用姿势。在绘制蹲姿和坐姿的各种动态中，要注意腰部的长度，其次要注意骨盆的体积，以及胸廓、腰、骨盆、大腿在各种角度下的透视变化。绘制坐姿时，由于臀部落在一个平面上，所以视觉上显得比站姿短而宽了一点。大腿发生了透视，看上去也会略短些。此时小腿前伸有拉长的视觉效果，向后弯曲则相反。这也是许多模特在坐姿拍照时会注意把小腿向前伸而不是向后弯曲的原因，如图2-35所示。在坐着的时候，人体发生了弯曲，弯折点就在臀部。坐姿身体的扭转主要表现为胸廓与骨盆的相反倾斜和伸腰动作，进而体现头、胸和骨盆的透视变化。

图2-35　坐姿

三、组合人体动态表现

在时装画绘制中，经常会出现一些多人组合的构图，也就是说在画面中同时出现两个及两个以上的人物形象。可以是女女组合、男男组合、男女组合、男女童组合和T台组合等。

对于双人站立姿势的时装画，通常采用一个正面，另一个侧面、斜侧面或背面，一般情况正面为主、背面为辅，但是也要根据具体情况来对待，如果背面设计有特殊的地方需要表现，或者背面的造型更加精彩的情况下，也可以以背面造型为主要构图人物。在画双人组合时需要注意人物的形体和身体要有一定的联系和呼应，服装风格要统一，保持整体画面风格完整协调。双人并列站姿组合在时装画中应用比较多，有男女组合、女女组合等，可以通过人体动态的互动来增加画面的趣味性。

女性双人站姿组合较之男性组合，动态形式更为丰富多样，因为女性的姿态的动态曲线较大，构图时更要强调协调统一。因此，可以采用不同的动态来调整画面效果，也可以用适当的遮挡关系增加画面的活力，如图2-36所示。一些时装插画可以采用一些轻松、有互动的动态，如图2-37所示，使整体画面更有趣味性。也可以采用一些正面动态和侧面行走动态相结合，如图2-38所示。在表现一些礼服类时装时，通常会采用动作幅度不太大的动态，表现优雅知性的姿态，如图2-39所示。

时装画中也常常会出现男女组合的动态，男女出现在同一个画面，男性动态变化不像女性多样，所以男性动态变化大都在四肢上，女性则不同，可以做出各种婀娜姿态。画面构图通过两个人物的肢体形态关系形成呼应统一、刚柔并济的效果，如图2-40、图2-41所示。

站姿与坐姿组合的构图，多采用坐姿为主、站姿为辅的构图原则，反之，站姿人物在前势必会遮挡坐姿人物。在构图中尽可能全面地表现服装与人物之间的关系，在画站姿与坐姿人物组合的构图时，要注意画面的构图饱满，使两个人物在形态上产生一种联系，人物之间的前后关系也要符合近大远小的透视规律，如图2-42所示。

图2-36　女女组合一

图2-37　女女组合二

图2-38　女女组合三

图2-39　女女组合四

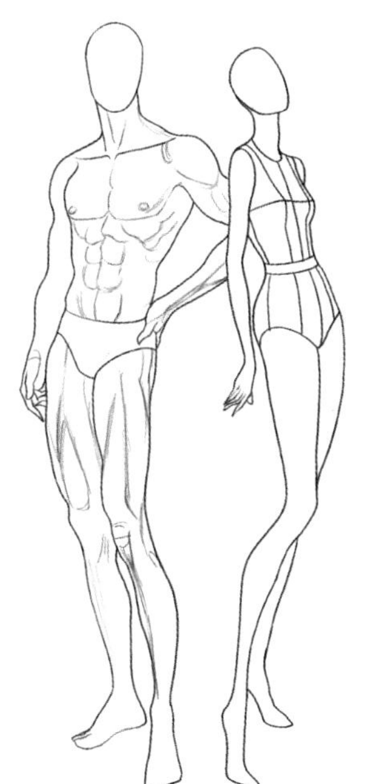

图2-40　男女组合一

图2-41　男女组合二

图2-42　坐姿与站姿的组合

图2-43　T台人体动态组合

多人动态组合时把形体画得高大一些、动态强一些，形态完整一些的人物安排在画面视觉中心，以突出服装款式。一般情况下，应画出人物全貌，避免较多的前后重叠遮挡，远近距离不宜过大。与场景结合时，构图还要主次明确，统一整个画面中的对比关系，突出表现主题，形成画面视觉中心，避免喧宾夺主。时装画构图一般不做复杂、纵深、细腻的空间环境描绘，不管时装画上是双人还是多人动态组合，均以平铺直叙的方法来表现。要注重构图的艺术性，使画面产生强烈的视觉冲击力。在系列化服装效果图表现中，如绘制T台服装时，要注意合理安排人物之间的关系，使其符合近大远小的关系，通过前后穿插的关系活跃画面，增强设计的整体表现力，如图2-43所示。

四、人体动态美学

时装画人体动态是表现服装效果的重要载体，无论时装画的风格和表现手法如何变化，都要以结构准确、比例协调的人体为基础。优美的人体动态能完美呈现出服装穿着在人体上的美感。在绝大部分时装画中，人是画面的重要组成部分，用于更完美地展现时装魅力，如图2-44所示。因此，熟练掌握时装画人体基本结构及变化规律的表现技巧，达到人体动态与服装之间的关系协调及个性化的表达，是作为时装画学习者必修与长期坚持的重要项目。

以人体为基础的时装画能更生动地表现服装的造型、结构、面料、色彩和风格，同时展现出由人体、服装款式、结构、材质等元素融合后所产生的美感，所以在时装画的绘制中，需要注意服装人体姿态的选择，使之能够显现服装的最佳效果。在选择服装人体姿态时，要依据时装款式特征的最佳角度（即服装款式的最新颖的、最吸引人的、独具特色的角度），假如所设计款式的最佳角度在服装的正面，那么就要选择一个正面或正侧面的动态，如图2-45所示，而不去选择背面的姿态。

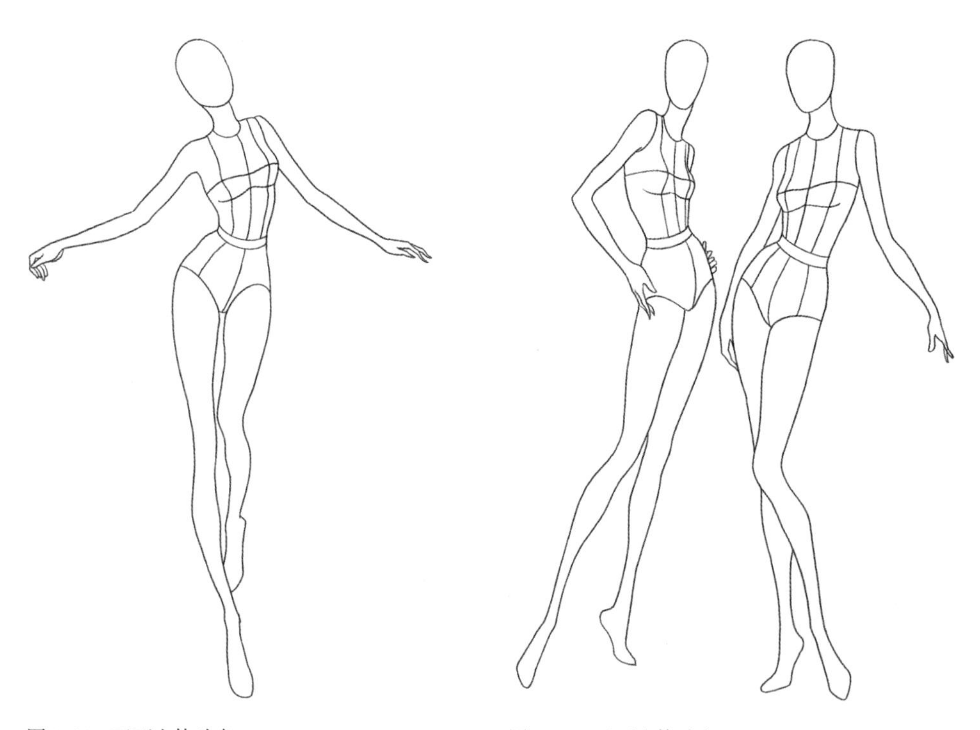

图2-44　正面人体动态一

图2-45　正面人体动态二

时装画人体动态是在写实人体动态的基础上，经过夸张、概括而产生的，它能够充分体现服装造型美的姿态。画好人体动态，在于把握人体美的内涵和艺术上的分寸感。画好人体动态的关键在于学会运用人体美的特殊的艺术语言和把握人体美的艺术规律。另外，要根据不同风格的时装特征选择不同气质、不同个性的人物形象及姿态，善于选择那些与时装风格相一致的，有个性的人物形象和姿态，以此充分显示时装画所应有的艺术价值。

第三节 人体局部绘画表现技法

人体是由大自然塑造的，最完美、最富有变化的艺术形象的载体，其形体的外部框架与内部构成十分复杂。在时装画中，人体则表现为服装的支架作用。同时，人体局部静态与动态比例的准确及五官形象的微妙变化对时装画所呈现出的效果都具有至关重要的作用。时装画的人体局部主要可分为脸型、五官、发型、头部的整体绘制以及四肢的结构表现，五官又可细分为眉、眼、鼻、嘴、耳，四肢可分为手、脚和关节部位的表现。因此，只有从不同的角度去了解人体、把握人体的结构比例关系及概括性表达，才能在时装画中全面地展现人体的姿态。

在人体头部的绘制中，局部五官是绘制的重点方向。一方面，面部轮廓与五官表情的绘制是画面中不可或缺的突出点，需要注意主次关系与虚实关系的表现，突出视觉中心部分。另一方面，精彩的五官特征是能够最快抓住观者眼球的方法，需要认真仔细地对待，在五官把控中，眼睛和嘴巴是表情最为丰富的部位，所谓眼睛是心灵的窗户，其结构比例与透视关系是需要严格把控的。通常来说，精致的面部描绘往往能够使时装画效果充满吸引力。

一、脸型的绘制技法

人的脸型基本上被归纳为圆脸、方圆脸、瓜子脸、鹅蛋脸等，而不同的国家、种族、年龄的人的脸型都有所区别。在时装画中，对于脸型的刻画表现需注意脸部的骨骼结构关系，展现出不同脸型的基本形象特征。以男女脸型的对比来看，男性面部轮廓应明晰硬朗、颌宽而又棱角分明，以干净利落的硬线条表现面部轮廓转折关系；女性面部轮廓则相对平缓圆润、棱角柔和，常以柔软细腻的线条表现。在绘制面部的结构转折时，需要注意颧骨的水平位置，颧骨高低会影响对人体年龄大小的判断，如颧骨过高会显老相、精明，颧骨平缓圆润则显年轻、稚嫩。因此，面部轮廓的平整度和缓，人体视觉形象的舒适度更高。

（一）正面脸型的绘制

正面头部以中轴线左右对称，人的五官按照“三停五眼”的比例关系分布在面部。“三停”是将脸的长度分为三等份：发际线到眉毛为第一等份，眉毛到鼻底为第二等份，鼻底到下颚为第三等份。“五眼”是指以一个眼睛的宽度为标准，将脸部最宽处分为五等份。除此之外，人物正面脸部的鼻子的宽度约与两眼间的距离相近，嘴的宽度略超过鼻的宽度。

正面脸型的绘制步骤如图2-46所示。

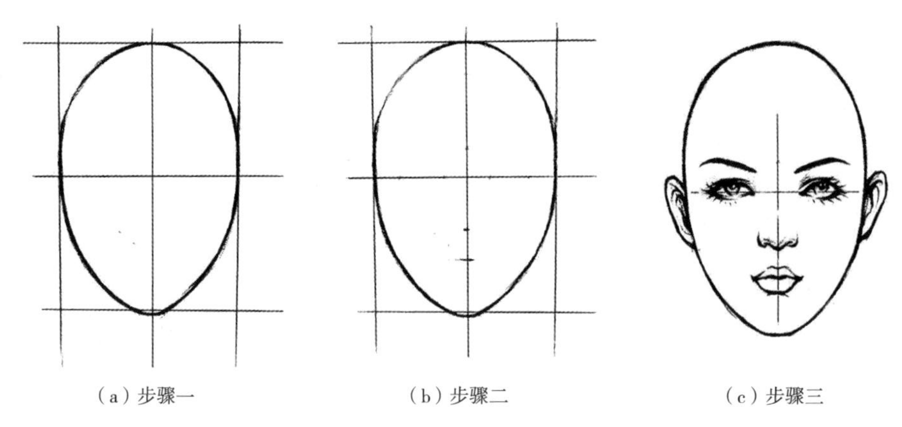

（a）步骤一　（b）步骤二　（c）步骤三

图2-46　正面脸型的绘制

（1）步骤一：先画一条中轴线，定出一个头的长度，再根据头长画出头宽，比头长的1/2略宽一点。

（2）步骤二：定出眼睛的位置，约在头长的1/2处，两眼之间的距离为一个眼睛的宽度，确定鼻子的位置，约在眼睛到下巴的1/2处，嘴巴在鼻子到下巴的1/2处偏上一点，并画出脸型。

（3）步骤三：根据“三停五眼”的比例关系定出五官的宽度，绘制五官的形状和细节。

（二）侧面脸型的绘制

在观察侧面的头部时，后脑勺占据了大部分的视觉面积，而面部则相对狭窄，面部轮廓起伏明显。侧面受到透视的影响，这个角度的眼睛、眉毛、鼻子和嘴巴只能看到正面的一半。

侧面脸型的绘制步骤如图2-47所示。

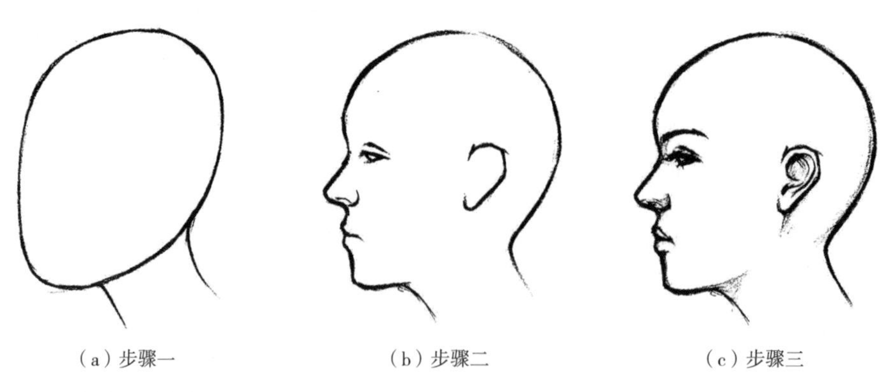

（a）步骤一　（b）步骤二　（c）步骤三

图2-47　侧面脸型的绘制

（1）步骤一：大致绘制出一个向前倾斜的侧面脸部轮廓，脖子的倾斜角度与头部相反，头部向前倾，脖子斜向后倾。

（2）步骤二：定出眼睛的位置，约在头长的1/2处，并以此为基础确定鼻子、嘴巴和耳朵的位置。受头部整体外轮廓的影响，眼睛和嘴都有一定的倾斜角度。

（3）步骤三：在侧面凸起最明显的眉弓处绘制出眉毛，长度约为正面眉毛的一半，再进一步绘制五官细节。

（三）3/4侧面脸型的绘制

3/4侧面的头部角度表现难度较大，处于该角度下的五官不像正面的五官那样左右对称，也不像正侧面的五官只能看见一部分，而是根据面部侧转，产生一定的透视变化，五官之间还会产生一定的遮挡关系。在这种情况下，找准透视线的位置就变得尤为重要。

3/4侧面脸型的绘制步骤如图2-48所示。

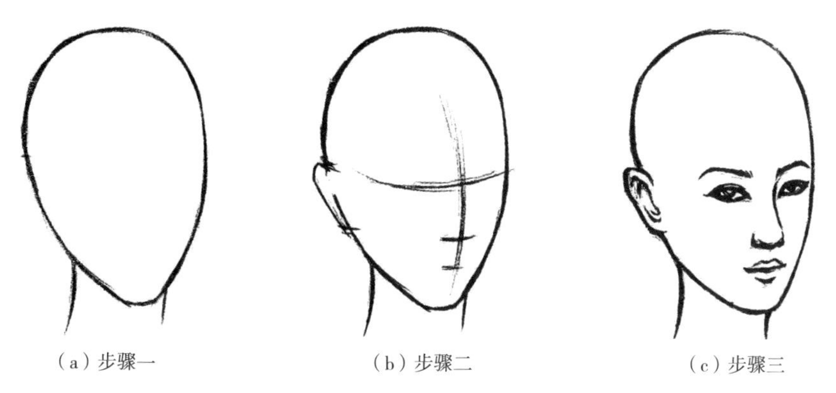

（a）步骤一　（b）步骤二　（c）步骤三

图2-48　3/4侧面脸型的绘制

（1）步骤一：大致绘制出头部的外轮廓，3/4侧面的面部较大，但仍能看到一部分后脑勺。

（2）步骤二：绘制出面部辅助线，此时中轴线要根据头部侧转的方向呈现一定的弧度，眼角连线、鼻底线和嘴角线也都呈现一定的弧度。根据透视辅助线标出五官的位置，面部转向的一侧，眉毛、眼睛和嘴的长度会稍微缩短，鼻翼和鼻孔的角度也会根据透视产生变化。

（3）步骤三：根据比例关系绘制出五官造型，加强五官细节。

二、五官的绘制技法

五官是人体面部描绘中传达情感最重要的一部分，也是最快获得他人好感的重要部位，标志得体的五官能够更迅速地获得观者的信任度与好奇心。不夸张地说，时装画中高水平的五官绘制是最快吸引观者眼球的秘诀之一。

在不同主题的时装画表现手法中，五官的塑造往往也要与整体的服装风格适配。面部“三停五眼”的比例关系需要协调、自然、位置恰当。

在时装画的表现中，五官绘制的视觉效果尽量简洁、概括。时装画的表现需要培养概括细节的能力。依据不同人物的五官特征，其描绘可以通过不同的轮廓、位置与比例关系，尽可能达到相对完美的比例形象。除此之外，五官与人物表情的动态表现也息息相关，喜怒哀乐表情的刻画对于时装画的头部刻画同样重要，它的意义在于使时装画脸部效果更具生动性，使画面更具欣赏性与艺术性。

（一）眼睛的画法

眼睛在面部表现中是最突出的位置，正所谓画龙点睛，其作用可见一斑。一双美的眼睛能够迅速抓住人的眼球，更好地表达人物的情感，是塑造人物形象极其重要的部分，如图2-49所示。

图2-49　眼睛整体效果图

在进行眼睛的描绘前，首先应该对眼睛的外部轮廓特征有一个大致的了解，在眼睛的速写练习中需要理解眼睛的形体特征及内部结构关系。眼部从平视角度来看大体呈菱形，从立体的角度来看眼睛是一个球体。通过观察和绘画写生可以了解到眼睛位于头骨的眼眶位置，呈球形。另外，上下眼皮是有一定厚度的，画的时候可以适当强调上眼皮轮廓的线条，这样有利于增强面部对比度，达到神采奕奕的效果。画眼睛时，为了表现美感，常常会拉长眼尾的部分。通常光线照到人的面部时，上眼皮的厚度会遮住部分光线，在眼球上形成一条弧形的阴影，这时瞳孔会有高光与明暗关系的变化，瞳孔会留出小面积高光，以增加人物的生气与灵动感。把握好这个球体的明暗关系，眼珠就会变得有神且有透明感。另外，为了突出女性的美感，上眼睑通常画得比较深邃细致，下眼睑加深眼尾处，虚实结合，可以很好地体现眼睛的主次关系。女性的睫毛也是让眼睛有神的重要细节，特别是眼尾处，可以适当拉长睫毛以适应造型的需要和美感最大化。

以下的范例是时装画中眼睛的几种常见的状态。

1. 正面眼睛的绘制

正面角度下的眼睛类似于一个橄榄球形，两头尖中间圆。在绘制正面眼睛的时候要注意眼睛与眉毛之间的关系。

正面眼睛的绘制步骤如图2-50、图2-51所示。

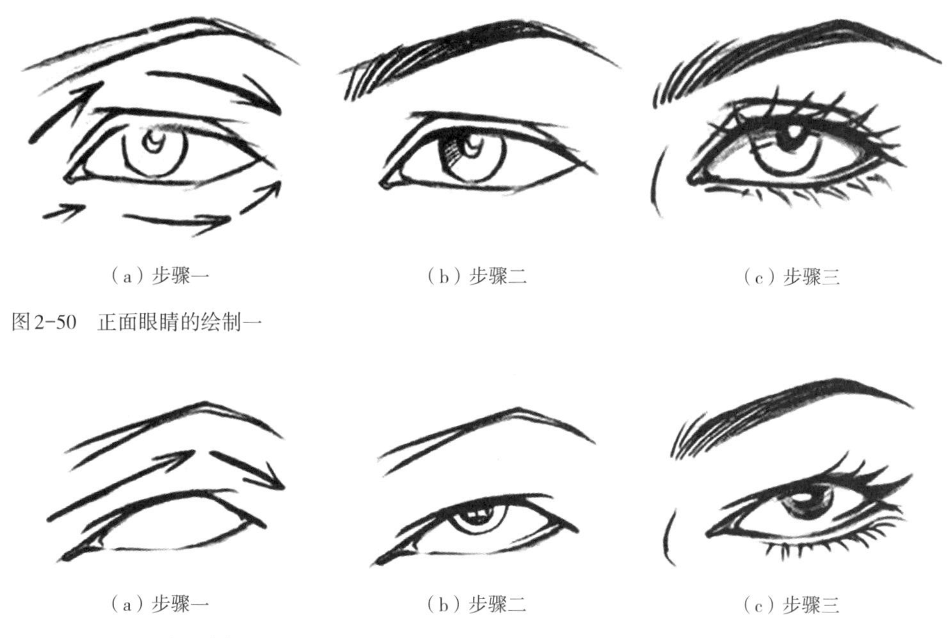

（a）步骤一　（b）步骤二　（c）步骤三

图2-50　正面眼睛的绘制一

（a）步骤一　（b）步骤二　（c）步骤三

图2-51　正面眼睛的绘制二

（1）步骤一：先绘制出眼睛与眉毛的位置关系，用线条概括出眉眼的基本轮廓。

（2）步骤二：绘制出眼睛和眉毛的具体形状，并画出眼球、瞳孔以及双眼皮的基本形状，注意眉峰的位置与弧度变化。

（3）步骤三：进一步加深眼睛与眉毛的细节，绘制出眼睛的明暗关系和眉毛的毛流感，加强对整体效果的把控。

2. 半侧面眼睛的绘制

在绘制半侧面眼睛的时候，要注意眼睛的透视关系。在这个角度下，眼睛的前侧较扁后侧较圆，同时也要注意眉眼以及两眼之间的距离把控。半侧面眼睛的绘制步骤如图2-52所示。

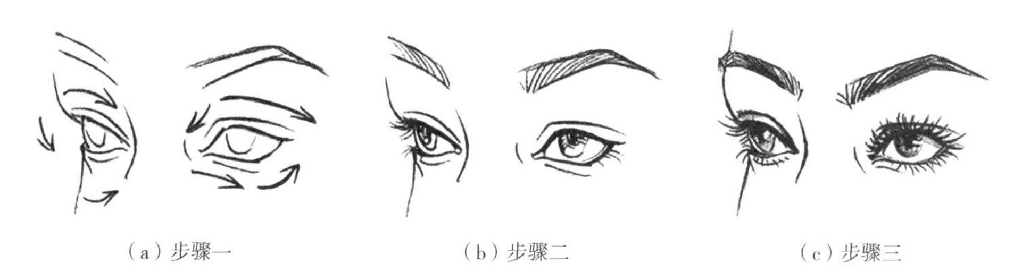

（a）步骤一　（b）步骤二　（c）步骤三

图2-52　半侧面眼睛的绘制

（1）步骤一：先绘制出眼睛与眉毛的位置关系，用线条概括出眉眼的基本轮廓。

（2）步骤二：绘制出眼睛和眉毛的具体形状，并画出眼球、瞳孔以及双眼皮的基本形状。

（3）步骤三：进一步加深眼睛与眉毛的细节，绘制出眼睛的明暗关系和眉毛的毛流感，加强对整体效果的把控。

3. 正侧面眼睛的绘制

在绘制正侧面眼睛时，要注意在这个角度下的眼睛是看不到全部的，通常鼻底会遮住另一侧眼睛或者露出部分睫毛。

正侧面眼睛的绘制步骤如图2-53所示。

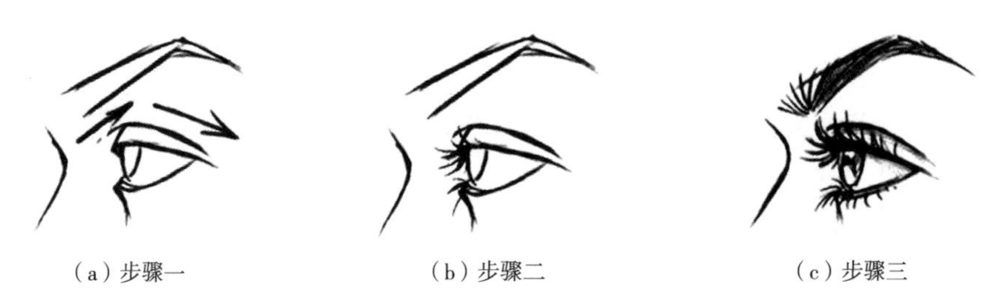

（a）步骤一　（b）步骤二　（c）步骤三

图2-53　正侧面眼睛的绘制

（1）步骤一：先绘制出正侧面眼睛与眉毛的位置关系，用线条概括出眉眼的基本轮廓。

（2）步骤二：绘制出眼睛和眉毛的具体形状，并画出眼球、瞳孔以及双眼皮的基本形状。

（3）步骤三：进一步加深眼睛与眉毛的细节，绘制出眼睛的明暗关系和眉毛的毛流感，绘制出侧面的睫毛细节，并调整画面整体效果。

4. 不同形态的眼睛

每个人的外貌不同，眼型也不同。眼睛的形状取决于上眼皮的褶纹、眼睛的长度、眼睛的倾斜度等细节，因此在学习时装画的绘制过程中，要多注意观察生活中不同的眼型特点，并掌握其绘制方法，如图2-54所示。

图2-54　不同形态的眼睛

（二）鼻子的画法

鼻子位于脸部正中，时装画中模特通常是正面，鼻子常常会被忽略或者做减法。只有在画人物正侧面的时候，鼻子的造型才会明显地被看到，在正侧面的鼻子的构造中，被描绘最多的是鼻尖、鼻孔和鼻翼，甚至有时在时装画中往往只要表达好鼻翼或鼻尖就足够了。因此，在鼻子画法中，需要做到结构清晰明朗，勾勒出简洁利落的大致轮廓即可。此时需要注意区分男女在鼻子上的线条变化，女性鼻翼稍窄、线条柔和；男性鼻根适当挺拔、线条有力。另外，鼻下的人中部位是和唇部相关联的。

1. 正面鼻子的绘制

正面鼻子的绘制步骤如图2-55所示。

（a）步骤一　（b）步骤二　（c）步骤三

图2-55　正面鼻子的绘制

（1）步骤一：先定出正面鼻子的位置与大小，用概括的线条绘制出鼻子的大致轮廓。

（2）步骤二：用流畅准确的线条绘制出鼻子的具体形状，注意强调鼻翼两侧和鼻尖的部位，稍微弱化鼻孔的线条。

（3）步骤三：进一步加深细节绘制。

2. 半侧面鼻子的绘制

半侧面鼻子的绘制步骤如图2-56所示。

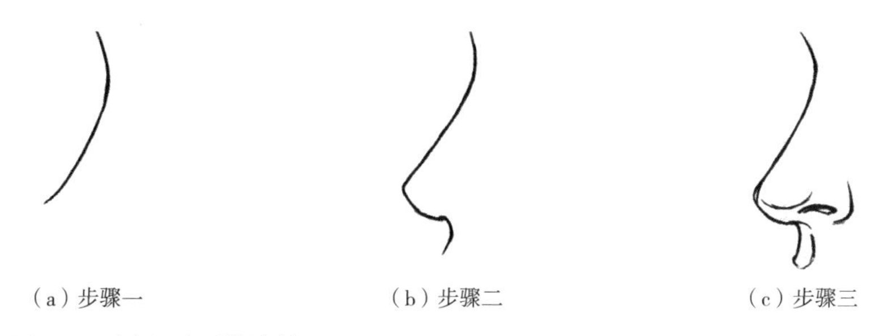

（a）步骤一　（b）步骤二　（c）步骤三

图2-56　半侧面鼻子的绘制

（1）步骤一：先定出半侧面鼻子的位置与大小，用概括的线条绘制出鼻子的大致轮廓。

（2）步骤二：用流畅准确的线条绘制出鼻子的具体形状，鼻峰的线条弧度流畅，尽量表现出挺拔骨感的美，并强调鼻翼两侧和鼻孔的位置。

（3）步骤三：进一步加深细节绘制。

3. 正侧面鼻子的绘制

正侧面鼻子的绘制步骤如图2-57所示。

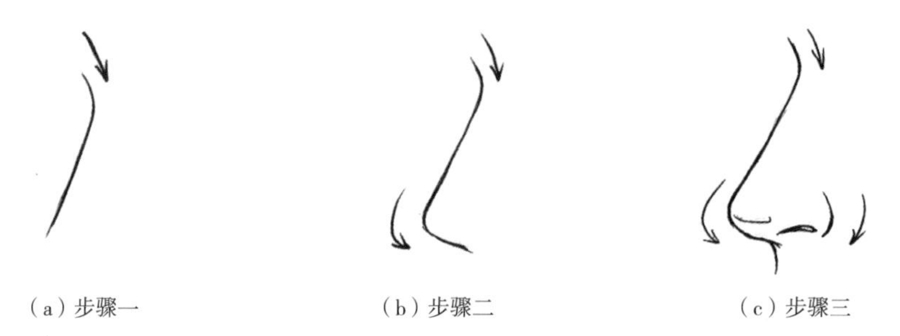

（a）步骤一　（b）步骤二　（c）步骤三

图2-57　正侧面鼻子的绘制

（1）步骤一：先定出正侧面鼻子的位置与大小，用概括的线条绘制出鼻子的大致轮廓。

（2）步骤二：用流畅准确的线条绘制出鼻子的具体形状，鼻峰的线条弧度流畅利落，注意强调鼻翼两侧和鼻孔的部位。

（3）步骤三：进一步加深细节绘制。

4. 不同形态的鼻子

每个人的外貌不同，鼻型也不同。鼻子的形状取决于鼻翼两侧的宽度、鼻根的高度及鼻软骨的形状。其中，鼻骨的倾斜弧度、宽窄及鼻尖的形状，也是最直观的外部特征。另外，鼻子的外形特征也与人种、民族的差异有密切联系，因此，在学习时装画的绘制过程中，要多注意观察生活中不同的鼻型特点，并掌握其绘制方法，如图2-58所示。

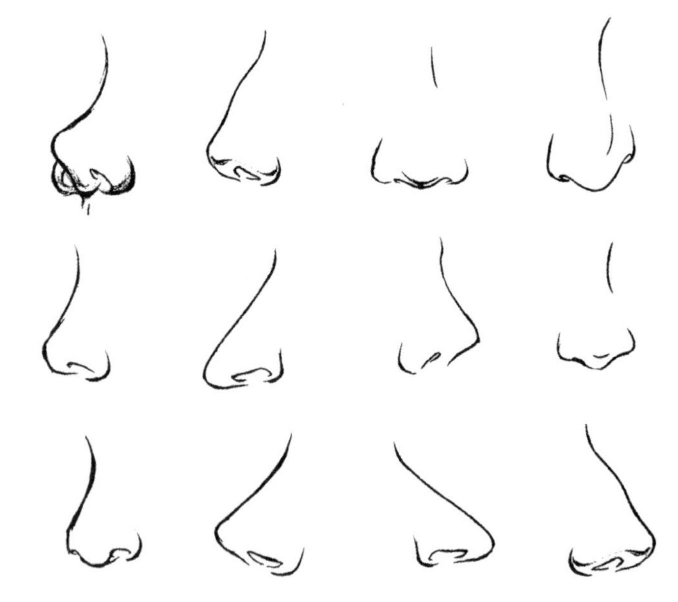

图2-58　不同形态的鼻子

（三）嘴巴的画法

在时装画中，嘴巴是一个同样具有传递情绪作用的重要部位。嘴巴的结构与妆造的表现可以让时装画整体效果更具艺术特色。画嘴的关键是先把上下唇中线画出来，然后再画出上下唇的弧度变化。嘴唇的起伏弧度类似于字母“M”，上嘴唇的造型弧度起伏相对较大，突出唇峰的转折；下嘴唇则相对平缓，也就是上嘴唇比下嘴唇更加突出，呈现微微翘起的状态。除此之外，嘴唇的明暗关系与光影起伏依赖于外光线的变化，一般在下嘴唇的受光面留出少许高光作为点缀。嘴唇部分的上色塑造以饱满滋润为佳，以女性为例，嘴唇的塑造要体现出丰满莹润之美。

1. 正面嘴唇的绘制

正面嘴唇的绘制步骤如图2-59所示。

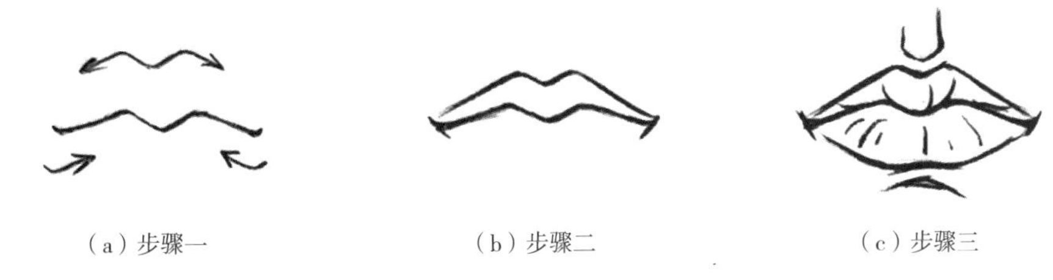

（a）步骤一　（b）步骤二　（c）步骤三

图2-59　正面嘴唇的绘制

（1）步骤一：先定出正面嘴唇的位置和大小，用概括的线条绘制出嘴唇的大致轮廓。

（2）步骤二：擦淡辅助线，用流畅的线条绘制出上唇与下唇的具体形状，加深嘴角两侧与唇中线，嘴角要做稍向上处理。

（3）步骤三：进一步加深细节绘制。

2. 3/4侧面嘴唇的绘制

3/4侧面的角度下嘴唇是不对称的，绘制时要注意近大远小的透视关系。3/4侧面嘴唇的绘制步骤如图2-60所示。

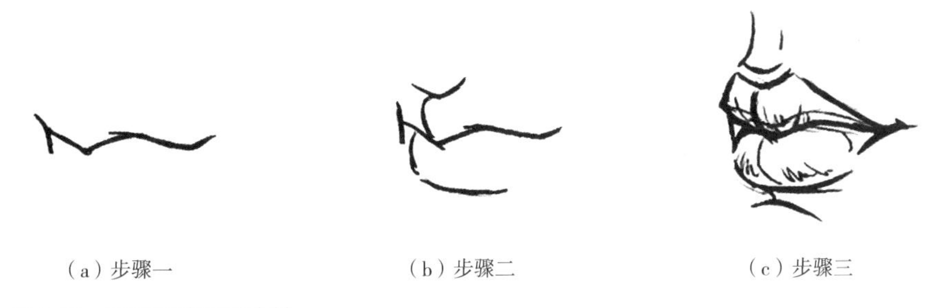

（a）步骤一　（b）步骤二　（c）步骤三

图2-60　3/4侧面嘴唇的绘制

（1）步骤一：先定出3/4侧面嘴唇的位置和大小，用概括的线条绘制出嘴唇的大致轮廓。

（2）步骤二：擦淡辅助线，用流畅的线条绘制出上唇与下唇的具体形状，绘制时注意嘴唇的透视关系，嘴角要做稍向上处理。

（3）步骤三：进一步加深细节绘制。

3. 侧面嘴唇的绘制

侧面角度下嘴唇只能看到一半，绘制时要注意上唇稍微比下唇突出一点，而下唇更加饱满圆润一点。侧面嘴唇的绘制步骤如图2-61所示。

图2-61 侧面嘴唇的绘制

（1）步骤一：先定出正侧面嘴唇的位置和大小，用概括的线条绘制出嘴唇的大致轮廓。

（2）步骤二：用流畅的线条绘制出上唇与下唇的具体形状，嘴角要做稍向上处理。

（3）步骤三：进一步加深细节绘制。

4. 不同形态的嘴唇

每个人的外貌不同，唇型也不同。嘴唇的形状很大程度上取决于面部的骨骼特征以及牙齿的生长状况，嘴唇的厚度通常也会有薄唇、中等、厚唇等不同类型，因此在学习时装画的绘制过程中，要多注意观察生活中不同的唇形，并掌握其绘制方法，如图2-62所示。

图2-62 不同形态的嘴唇

（四）耳朵的画法

耳朵是由耳垂、耳屏、耳轮和耳蜗几个部分组成的，在找耳朵的最高点和最低点的时候，一般会横向与眉弓和鼻底比较，这样更容易找准位置，耳朵的整个外形近似问号的形状。

在时装画的描绘中，耳朵相对没有那么重要，很多时候都是画一个接近半圆的形状和相对简略的结构来表示耳朵。描绘耳朵关键就在于描绘它的外形轮廓，里面的结构简单概括即可，常画的部位有外耳廓、部分内耳道和耳垂。时装画中耳朵一般位于面部两侧，常常被两侧头发挡住。从形体的结构表现上，耳朵是不规则的面。以正面模特为例，耳尖和耳垂的位置与眉弓和鼻底的两个水平线位置齐平。耳根的出发点从与眼睛水平线齐平的位置开始绘制，耳尖与眉弓水平线齐平。在面部的整体绘制中，耳朵属于从属部分，除了绘制人体正侧面以及侧面的角度之外，一般绘制人体正面时，耳朵的结构表现都比较简略，表现出大致轮廓即可。

1. 正面耳朵的绘制

正面耳朵的绘制步骤如图2-63所示。

（a）步骤一

（b）步骤二

（c）步骤三

图2-63　正面耳朵的绘制

（1）步骤一：先定出正面耳朵的位置和大小，用概括的线条绘制出耳朵的大致轮廓。

（2）步骤二：擦淡辅助线，用流畅的线条绘制出耳朵的具体形状和内部结构。

（3）步骤三：进一步加深细节，突出其体积感。

2. 3/4 侧面耳朵的绘制

3/4侧面耳朵的绘制步骤如图2-64所示。

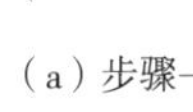

（a）步骤一

（b）步骤二

（c）步骤三

图2-64　3/4侧面耳朵的绘制

（1）步骤一：先定出3/4侧面耳朵的位置和大小，用概括的线条绘制出耳朵的大致轮廓。

（2）步骤二：擦淡辅助线，用流畅的线条绘制出耳朵的外部轮廓转折和内耳道结构关系，并注意耳朵内部结构的层次关系。

（3）步骤三：进一步加深细节，突出其体积感。

3. 侧面耳朵的绘制

侧面耳朵的绘制步骤，如图2-65所示。

（1）步骤一：先定出侧面耳朵的位置和大小，用概括的线条绘制出耳朵的大致轮廓。

（2）步骤二：擦淡辅助线，用流畅的线条绘制出耳朵的具体形状和内部结构，并注意耳朵内部结构的层次关系。

（3）步骤三：进一步加深细节，突出其体积感。

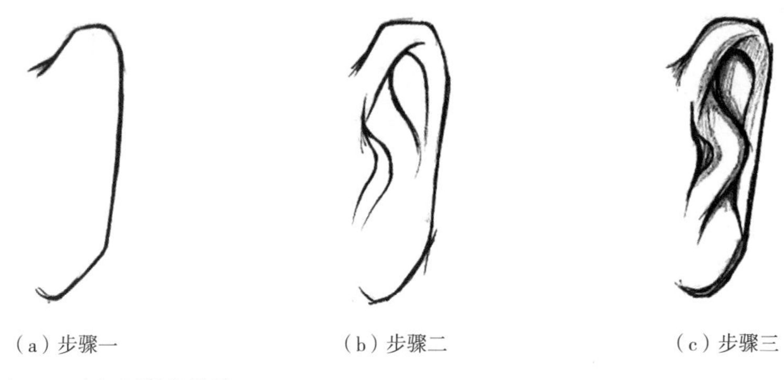

（a）步骤一　（b）步骤二　（c）步骤三

图2-65　侧面耳朵的绘制

4. 不同形态的耳朵

每个人的外貌不同，耳型也不同。耳朵往往容易被人忽视，耳朵的形状因人而异，但其基本结构是相同的。耳廓的形状可以分为尖耳尖型、圆耳尖型、耳尖微显型等，耳廓的外展程度各有不同，耳垂也有不同的厚度区别。因此在学习时装画的绘制过程中，要多注意观察生活中不同的耳形，并掌握其绘制方法，如图2-66所示。

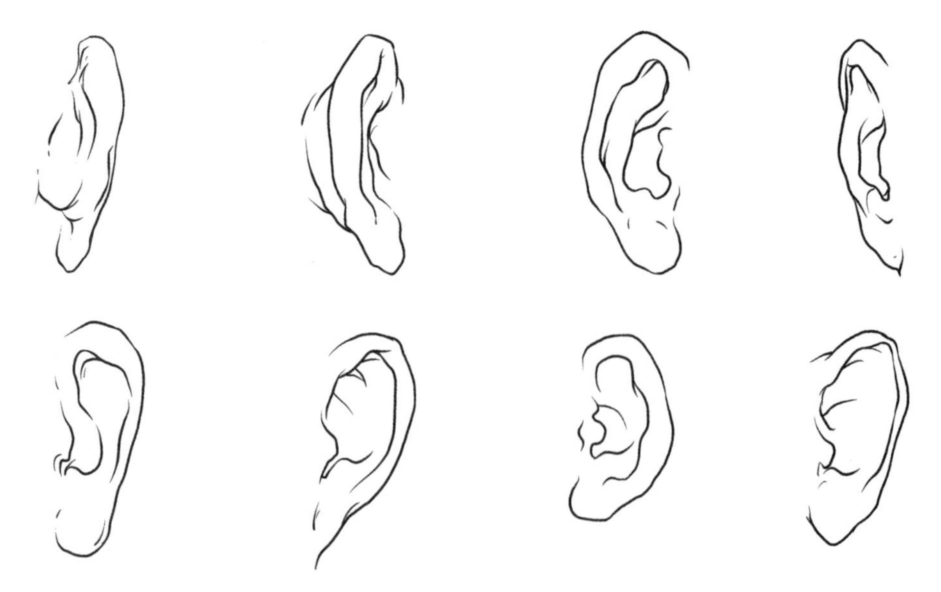

图2-66　不同形态的耳朵

三、发型的绘制技法

头发的造型千姿百态，形式上有中分的齐耳发、有刘海的卷发，也有夸张的秀场妆发等；风格上有青春靓丽的、端庄大气的，也有华贵复古的等多种类型，发型常常作为时装设计师衬托服装风格所不可或缺的搭配利器，因此，发型、面部妆造及服装搭配的整体感觉是突出服装风格的重要表现环节之一。相对于人物面部形象而言，头发在时装画效果图表现中同样具有重要意义，头发的层次表现对画面的完整程度能起到意想不到的效果。时装画初学者对于头发的绘制通常感到无力下笔，很多时候一看到头发便直接照着一笔一笔地画，没有主观地对发型的层次进行取舍，因此绘制的结果往往不是很理想，表现效果较为生硬、死板。

画发型也是有规律可循的，要想画好头发首先要考虑其外轮廓的位置、造型及弧度变化的美感。在绘制头发的过程中，给头发进行分层表现是至关重要的，要有意识地分出前后层次的遮挡关系和明暗关系，把头发当做块面来画，做到收放有致、张弛有度，一般运用线条的“粗与细”和“虚与实”去处理头发的层次质感。在头发整体结构绘制结束的时候，再加上几笔散发以表现发型的线条美感和蓬松感，这样绘制出的头发才能更好地烘托整体效果。时装画中，常见的发型一般分为四种：短发、长发、卷发、盘发，下面将详细地介绍主要的几种头发类型的画法。

（一）短发的绘制

短发的发型有很多变化，长度一般不会超过肩头。以图中齐耳短发为例，因为头发较短，基本呈现出比较明显的球体形状，刘海和紧贴面部的发丝需要着重刻画，后脑勺的发丝可以适当省略，以凸显头发的体积感。短发的绘制步骤如图2-67所示。

（a）步骤一

（b）步骤二

（c）步骤三

（d）步骤四

图2-67　短发的绘制步骤

（1）步骤一：先在头部定出短发的长度，用概括的线条简单勾勒出短发的大致轮廓。

（2）步骤二：用流畅的线条勾勒出刘海的走势，将刘海和后面的头发区分开来。

（3）步骤三：进一步刻画刘海和贴近面部的头发，增加其体积感。

（4）步骤四：整体调整，细化头发质感。

（二）长发的绘制

长发比起短发更能突出女性温柔娴静的气质。以图2-68中的长直发为例，头发层次较为单一，发缕之间没有太多的遮挡。但是，想要绘制出飘逸的秀发，笔触一定要流畅，线条排列要紧密有致，学会塑造头发的层次变化，否则容易显得单薄呆板。长发的绘制步骤如图2-68所示。

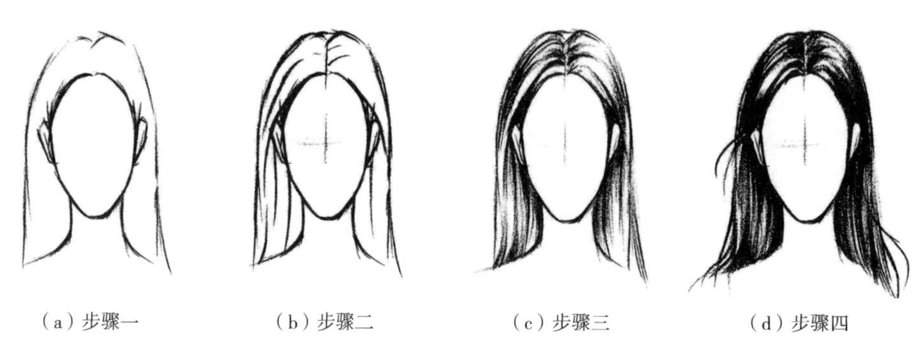

图2-68 长发的绘制步骤

（1）步骤一：先定出头发的长度，用概括的线条简单勾勒出长发的大致轮廓。

（2）步骤二：用流畅的线条勾勒出刘海的走势，将刘海和后面的头发区分开来。

（3）步骤三：进一步刻画刘海和贴近面部的头发，增加其体积感。

（4）步骤四：整体调整，细化头发质感。

（三）卷发的绘制

通常卷发会因为发丝的卷曲而产生较大的起伏变化，发型的外观会有较强的空间感，显得比较蓬松。卷曲的发丝不仅形态多变，发缕之间的穿插和遮挡关系也会相对复杂。在绘制卷发时，笔触可以适当松动，或者用少量穿插的曲线来表示，会显得更加灵动。卷发的绘制步骤如图2-69所示。

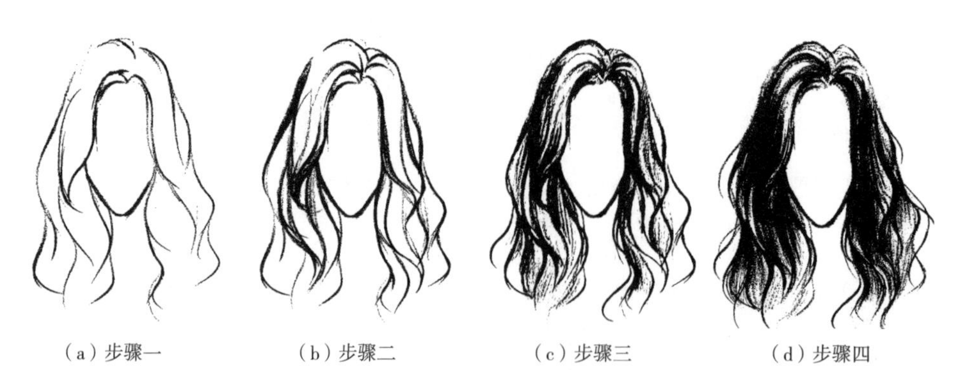

图2-69 卷发的绘制步骤

（1）步骤一：先在头部定出卷发的长度，用概括的线条简单勾勒出卷发的大致轮廓。

（2）步骤二：用流畅的线条弧度勾勒出刘海的走势，将刘海和后面的头发区分开来。

（3）步骤三：进一步刻画刘海和贴近面部的头发，增加其体积感。

（4）步骤四：整体调整，深入刻画头发细节。

（四）盘发的绘制

盘发就是将头发盘成发髻或辫子，有很多种类型。以图中的丸子头盘发为例，盘发的发髻有较为清晰的形状，体积感也很突出。在绘制盘发时，要将发髻之间的穿插和叠压关系整理清楚，并适当区分出主次虚实的关系，以突出发型的空间感。盘发的绘制步骤如图2-70所示。

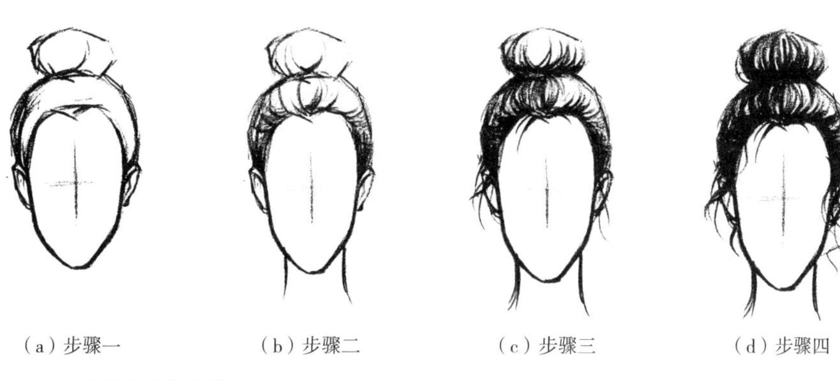

（a）步骤一　（b）步骤二　（c）步骤三　（d）步骤四

图2-70　盘发的绘制步骤

（1）步骤一：先在头部定出盘发的造型，用概括的线条简单勾勒出盘发造型的大致轮廓。

（2）步骤二：用流畅的线条勾勒出头发的走势，将头顶处头发与丸子头的盘发造型区分开来。

（3）步骤三：进一步刻画贴近面部的散发，增加其体积感。

（4）步骤四：整体调整，深入刻画头发质感。

四、头部的整体绘制技法

头部是人对于视觉形象美感的观察中的一个重要部位，时装画中头部是表现人物造型的关键部分。在时装画中，头部的整体绘制主要包括头部外轮廓比例、脸型特征、五官特征、头部与颈肩之间的衔接关系，头部的刻画也许在时装画中不是最主要的，通常设计师为了使观者的注意力集中在服装的表现上，大多会采取比较低调简约的妆造手法来衬托服装的美。但出色的头部描绘在一定程度上会给服装的整体效果增色不少。同样，个性鲜明、极具特色的头部整体描绘也能够更好地感染受众。

初步学习阶段，对头部的研究是很有必要的。时装画中的面部造型和五官比例遵循“三庭五眼”的原则，通过对五官结构的深入理解，我们能够逐渐掌握好每个部位的结构特征，这也为绘制一个完善的头部整体造型打下了良好的基础。作为人物造型的一部分，头部的整体表现带给人的视觉效果与发型、五官、配饰和妆容等都有所关联。

另外，在时装画的绘制中，头部的角度变化也会影响整体画面的效果，人体的美感是建立在合适的比例关系之上的，头部不同比例会产生不同美感，每个局部的微小变化形成了每个人各自不同特色的美。由于人的神态有不同的变化，反映在时装画绘制中则表现为各种各样的姿态，如正、侧、仰视、俯视等不同角度和透视的变化。因此，有了比例位置和结构关系的基本认知后，就可以进行头部的完整描绘了。在描绘的时候同样需要遵循概括的原则，简洁肯定的线条也会对画面的效果起到润色作用。

（一）头部的绘制步骤

以下为正面头部的整体绘制步骤示例，如图2-71所示。

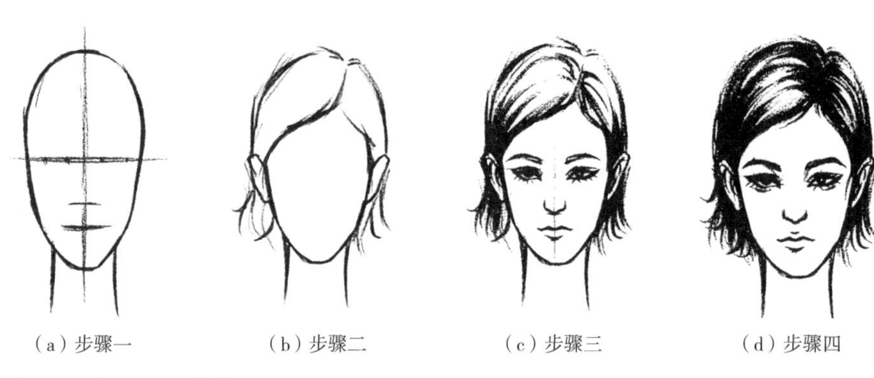

（a）步骤一　（b）步骤二　（c）步骤三　（d）步骤四

图2-71　头部的绘制步骤

（1）步骤一：先画出正面的头部和脖子的大致轮廓，并按照“三庭五眼”的比例关系在面部定出眼睛、鼻子和嘴巴的水平位置。

（2）步骤二：用概括的线条简单地勾勒出发型和大致外部轮廓，并画出耳朵的位置及其外轮廓。

（3）步骤三：画出发型层次关系和五官的具体形状，并进行深入刻画。

（4）步骤四：进一步加深细节，整体调整。

（二）不同头部的整体表现

头部的整体表现是多样的，通常会受到发型、五官、配饰及妆容等因素的影响。在学习时装画的过程中，要多练习头部的绘制方法，形成具有自己风格的时装特色，如图2-72所示。

图2-72　不同头部的整体表现

五、四肢绘制技法

四肢同样也是人体的重要组成部分，主要由手、手臂、脚和腿四个部分组成。四肢绘制的好坏，对时装人体及时装画的表现效果会产生很重要的影响，想要绘制出高质量的时装画，必须先了解和掌握四肢的结构及画法。下面分别对四肢的具体画法进行详细说明。

（一）手的表现

在人体结构中，手的结构复杂且灵活多变，是人体绘制中最难把握的部位，手部关节结构的转折是否准确、生动都会影响到时装画的效果，所以必须特别重视手部结构的塑造，手部的各个关节需要相互协调才能足够生动灵活。

手的结构总体由手腕、手掌、手指三部分组成，由于手部关节多、灵活度高，所以描绘难度较大。因此在绘制手部时，首先，从整体出发，画出手部大致轮廓。其次，找准手部结构、手指关节位置和大小比例关系，注意大拇指与食指之间的转折，再依次画出每个指关节的转折与变化，同时，也要注意关节转折处的细节刻画。最后，注意手部与腕部结构的连接动态。

一般来讲，通过线条的轻重、虚实等变化可以表现不同性别及年龄的手部特征，男性的手指应该画得粗短一些，表现力度和结构骨感。女性的手应表现纤细柔软，一般手指要画得稍微长些，呈现出纤细修长的线条美，表现女人味。同时，手部姿态的优雅可以更好地衬托服装的美感。画好手部动态不易，平时要多做练习，反复临摹学习。

1. 手的绘制步骤

手的动态是多种多样的，但不论何种动态，在绘制时都要注意手腕、手掌和手指三个部分的关系。手的绘制步骤如图2-73所示。

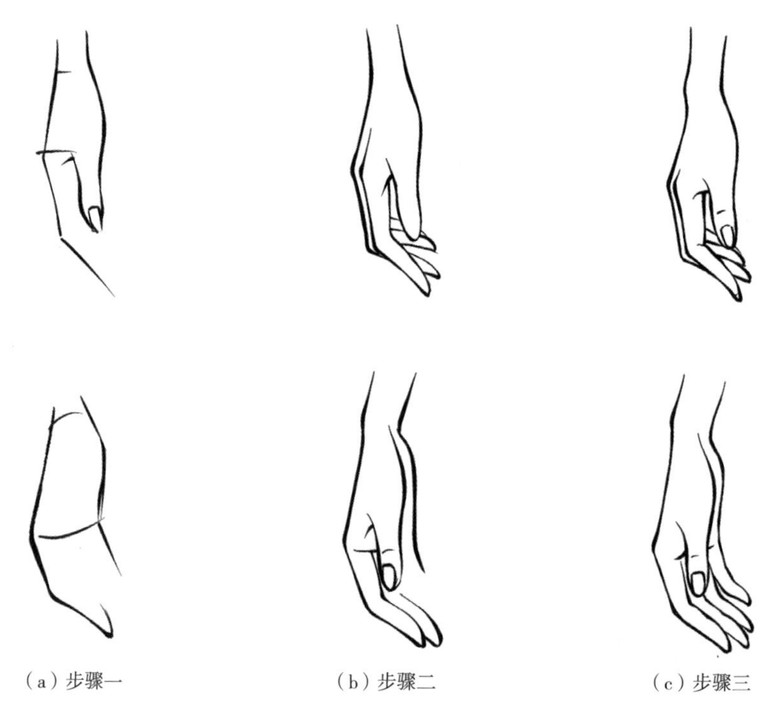

（a）步骤一 （b）步骤二 （c）步骤三

图2-73 手的绘制步骤

（1）步骤一：先用简单的线条概括出手部的大小，并区分出手腕、手掌、手指三个大的块面的大致轮廓。

（2）步骤二：在上一步的基础上，绘制出手指的转折面与结构特征。

（3）步骤三：擦淡辅助线，用流畅的线条勾勒出手的具体形状，可以加上指甲或相应配饰，增加其视觉效果。

2. 不同形态的手

手的动态灵活多变，手分为手腕、手掌、手指三部分，整个手部呈阶梯状，手腕、手掌、手指逐渐下降，绘制起来有一定的难度，因此需要针对不同动态的手部多加练习，下面是一些常见的手部动态，如图2-74所示。

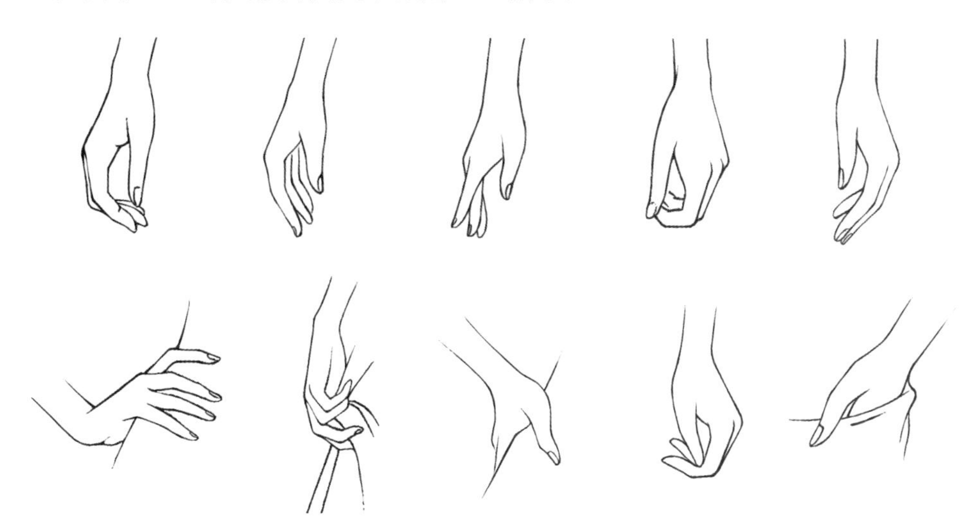

图2-74 不同形态的手

（二）手臂的绘制

手臂由上臂、手肘和下臂三部分构成，活动范围较大，有一定的运动规律。在时装画中，手臂可分为弯曲和自然下垂，绘制时应将手臂和手掌的结构结合起来表现，在进行上肢整体的描绘时把握好手臂与手掌之间的比例位置和转折关系。要注意结构透视和上下臂的粗细变化，同时需要注意手肘关节部位的转折变化。手臂整体呈柱体，在时装画中，手臂的肘部基本位于腰线的水平线附近。

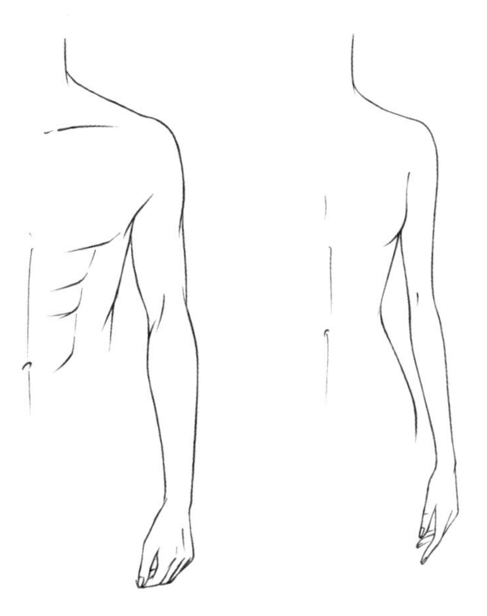

图2-75 手臂整体结构（毛婉平作品）

一般女性手臂的肌肉关系较弱，常突出圆润流畅的线条，以表现柔美质感。男性手臂应凸显肌肉特征，用有力度、硬朗的线条来表现力量美。还需要注意的是，要把控好上肢整体的协调性，如果手臂线条柔和细腻，那么手指的线条也相应柔和；如果上肢想要表现骨感美，那么手指的关节结构部位也相应地强化骨点。

在时装画中，骨骼结构与肌肉关系不需要像素描结构一样细化，只需要把握好主要的关节点，用简洁的外轮廓线表现手臂的曲折变化，呈现手臂整体动态结构的流畅与美感，如图2-75所示。

1. 手臂的绘制步骤

手臂的绘制步骤如图2-76所示。

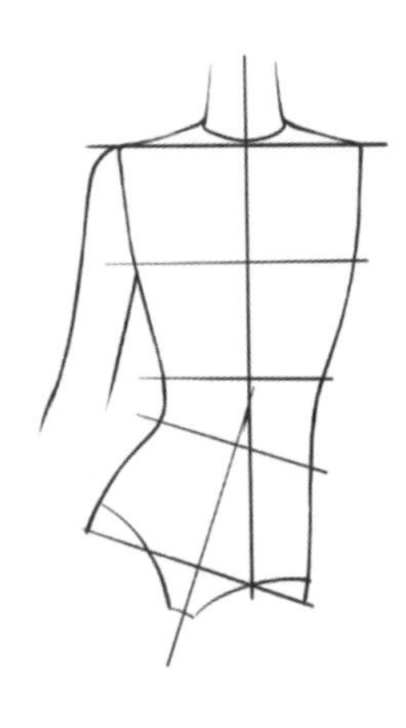
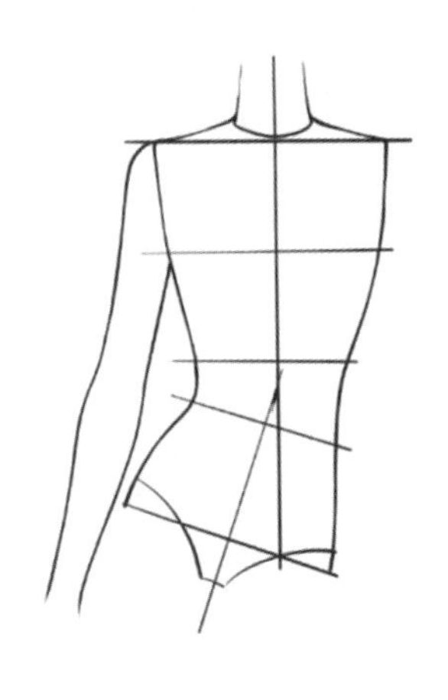
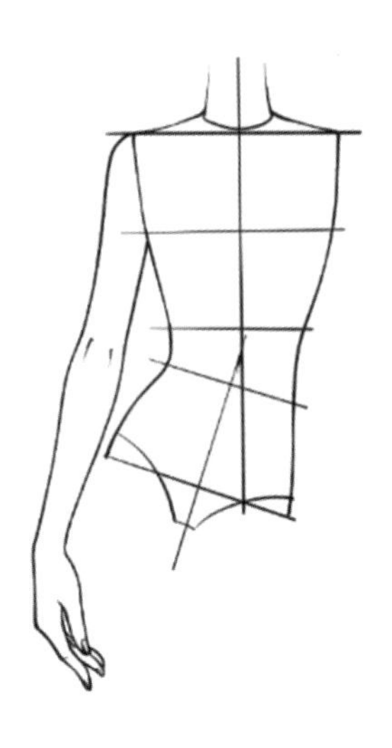

图2-76 手臂的绘制步骤

（1）步骤一：绘制出与手臂相连接的肩线线条，用流畅的线条概括出手臂的大致轮廓。

（2）步骤二：绘制出上臂的弧线，注意与肩膀的衔接。

（3）步骤三：绘制出手肘与下臂的弧线，注意与上臂的衔接。

（4）步骤四：加上手的动态，进一步深化细节。

2. 不同动态的手臂

由于人体的上肢活动幅度相对较大，手臂的动态变化较多，在前臂旋转时会产生一定的形态变化，而下臂会随着上臂的摆动而产生相应的形态变化，绘制起来有一定的难度，需要注意手臂整体的协调性，因此，需要针对不同动态的手臂多加练习，图2-77所示为一些常见的手臂动态。

（三）脚的表现

脚是支撑身体重量的部位，由脚腕、脚趾、脚背和脚跟四个部分构成。脚掌一般较为厚实，脚背、脚跟和脚趾的动态决定了脚的形态。与手相比，脚的动态相对较少。此外，鞋的形状与脚的结构息息相关，脚背的透视和绷起的弧度也会根据鞋跟的高度而变化，因此，在绘制脚时大多会连同鞋子一起进行表现。

1. 脚部的绘制

在时装画中，对画脚并没有足够的重视。时装画中的脚常常是以鞋子的形态出现，有时会在夏季的服装搭配中画到脚趾。但对脚的结构和形态的基本了解是非常必要的，这样在描绘鞋子的时候能够更好地抓住脚部的形体特征，让鞋子的外部轮廓更符合脚的

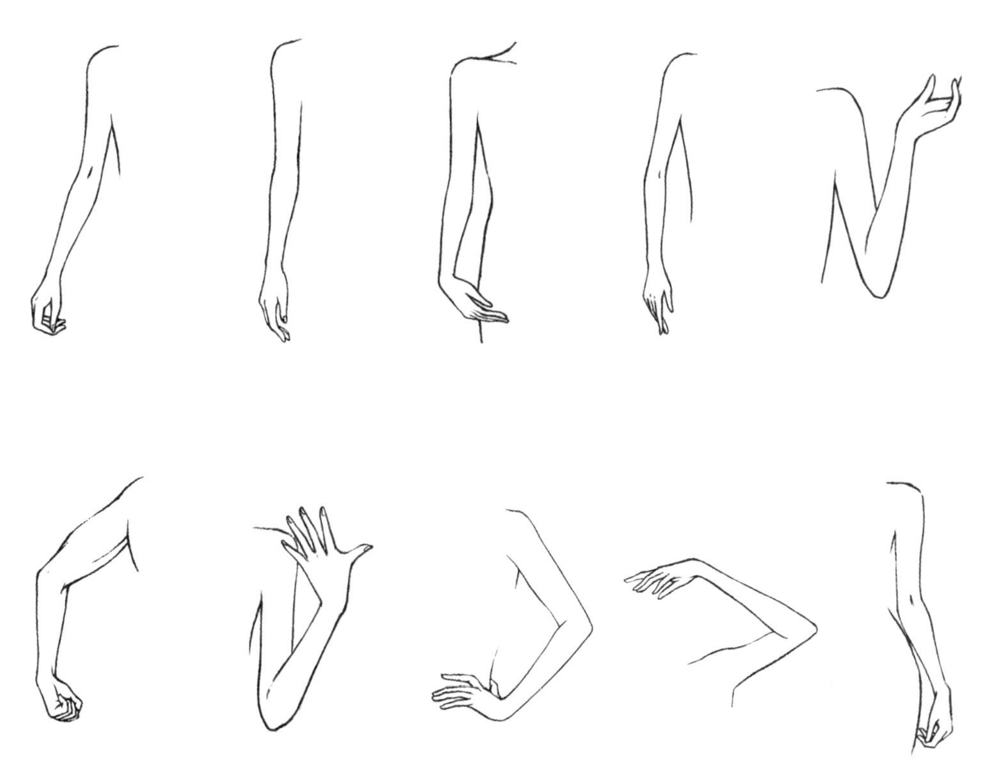

图2-77　不同动态的手臂

结构特征并符合人们的审美要求。

脚是人体站立的支撑重心，脚的大小和位置关系到人体姿态的美感。首先需要概括出脚的基本框架，根据脚的外形结构特征和体块关系分块表现，注意脚趾的结构细节，包括脚趾的方向感、厚度及脚指甲的透视变化。

时装画中以画穿鞋的脚居多，绘制脚部时要注意脚与鞋的关系，尤其注意脚部的前后透视产生的大小变化和不同高度的鞋跟对脚掌、脚趾、脚跟所产生的影响，并且注意内踝要高于外踝这一结构关系。

脚的绘制步骤如图2-78所示。

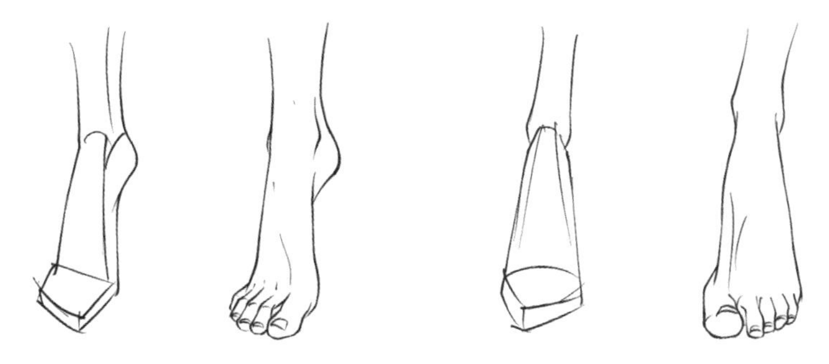

图2-78　脚部绘制步骤（毛婉平作品）

（1）步骤一：先确定脚的位置和大小，用简单的线条概括出脚的外轮廓大块面。

（2）步骤二：区分出脚腕、脚背、脚趾的部分，并准确勾勒出脚趾的转折面与大小透视关系，最后加深脚关节处的细节绘制。

2. 不同形态的脚、鞋

在时装画中，表现脚的结构动态不多，主要是由鞋子的款式来体现脚部整体的画面效果。脚是具有负重支撑、震动缓冲作用的部位，在外形上，脚的外侧着地，内侧凹陷，因此，在表现脚部的结构以及鞋子的轮廓时，要注意绘制出脚部的明显结构特征，下面是不同造型的脚与鞋的示范，如图2-79所示。

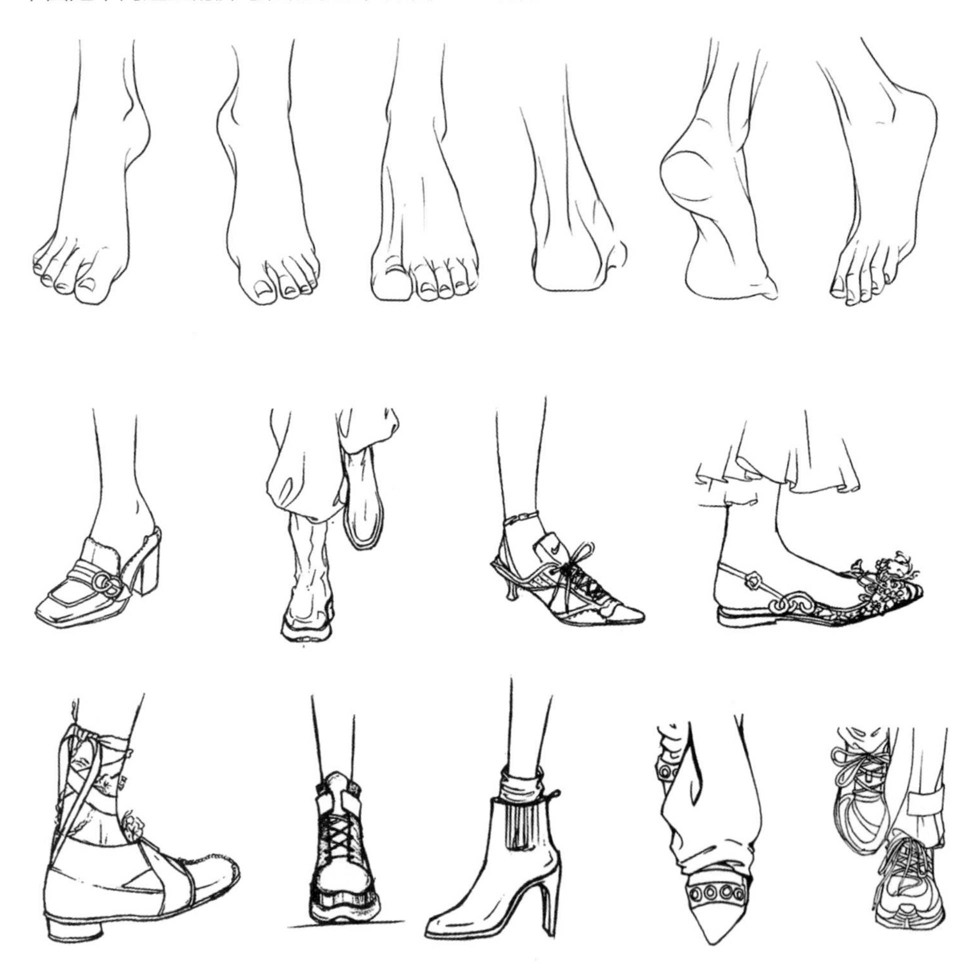

图2-79 不同形态的脚与鞋

3. 腿部的绘制

人体动态的优美在很大程度上需要依靠腿部的线条力量感来表达。时装画中，常以拉长腿部曲线为主要的审美特征。我们往往会拉长小腿，尤其在表现女性时，腿部线条呈现修长、性感的形态，表现时通常会弱化肌肉群和块面结构的起伏；而相反地，男性的腿应以硬朗的线条表现出肌肉的刚劲有力，着重突出膝盖的骨节点等特征。

在腿部整体的绘制中，关键要点是胯与大腿根部、大腿与小腿、小腿与脚部结构之间的衔接关系是否准确、流畅，以及膝盖与脚踝的结构形态。把握好这些要素，就能将腿的结构与腿部的美感体现出来。在此基础上，加上腿部外形的塑造与细节优化，就能达到一个优美流畅的腿部的描绘效果，如图2-80所示。

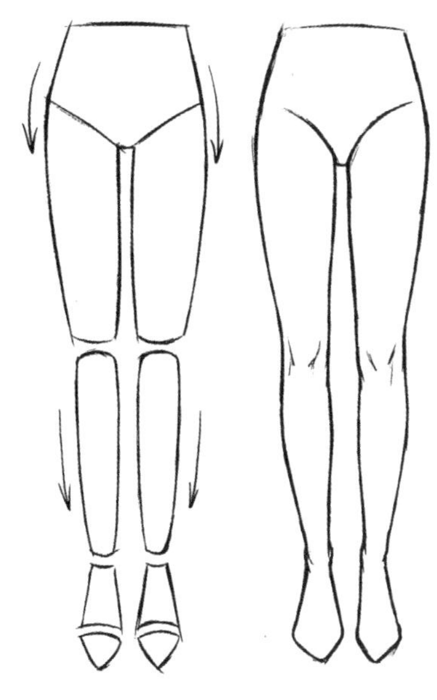

图2-80　腿部的结构

腿部的结构主要由大腿、膝关节、小腿构成。但因为腿部起到支撑身体重量的作用，所以在绘制时应该表现得更具有力量感。在人体自然直立的情况下，腿部整体呈现出向内收拢的状态；在侧面站立的情况下，大腿的起伏相对平缓，小腿后侧因为腓肠肌的形状明显，会形成S形的饱满曲线。

腿部的动态多种多样，但在时装画效果图的绘制中，只需要掌握一些常用的站立和行走的腿部动态即可，如图2-81所示。

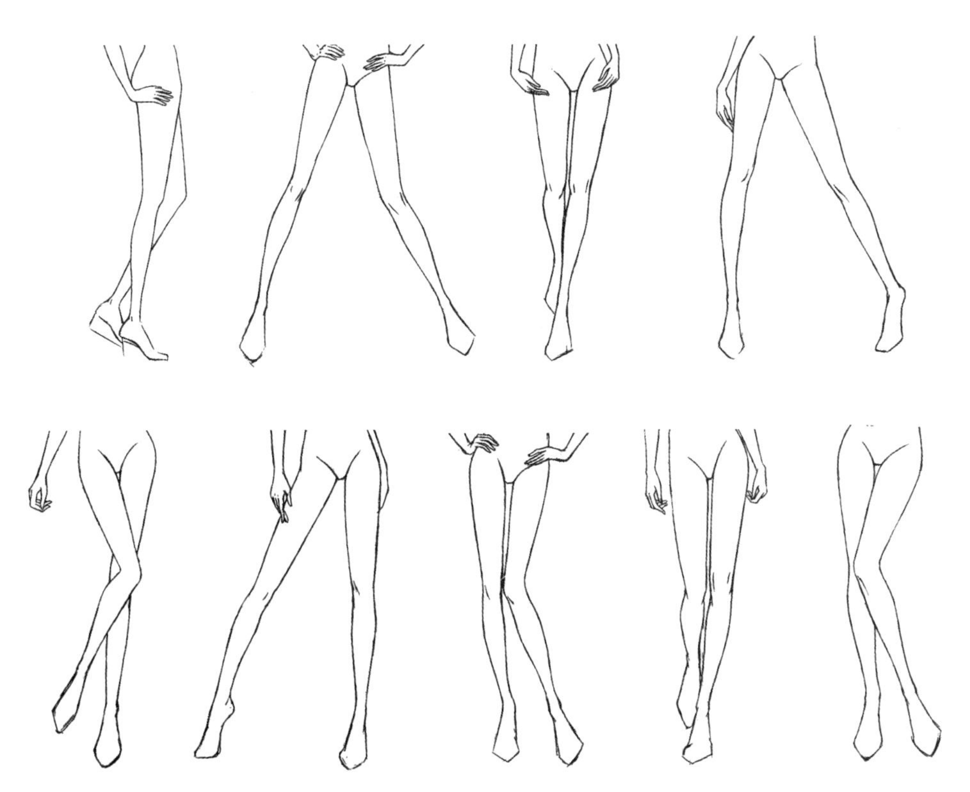

图2-81　不同动态的腿（毛婉平作品）

本章小结

时装画绘制的基础是对人体整体结构造型、人体局部特征的全方位了解和掌握，本章节主要对人体基本结构、人体基本特征、人体绘画技法、人体动态表现等进行了专业的讲授，包括人体造型基础知识、人体动态表现、人体局部绘画技法与绘制步骤等知识。对于人体结构、单人人体动态、组合人体动态，以及人体绘画表现步骤等都用图解进行说明。其中人体的整体造型是基础，在此基础之上要熟悉头部、眉眼、鼻子、嘴唇、耳朵、手部、脚部、发型等各个人体组成部分的综合表达。对人体造型与人体局部的绘画表达是时装绘画重要的前提部分，需要勤加练习。除此之外，人体动态的掌握也十分重要，绘制优美的人体动态能使画面效果事半功倍。

思考题

1. 人体结构包括哪些方面?
2. 了解人体站姿、行姿、蹲姿、坐姿和组合动态。
3. 谈谈男女体型差异对服装设计的影响。
4. 不同年龄段之间人体体型有何差异性？这些差异性如何体现在服装上?

作业

1. 先临摹几个角度的人体，并尝试着把它们默写下来。
2. 搜集一些时装图片，分析人体的动态特点，并根据图片画出一些人体动态。
3. 自己尝试多画几张不同表情、不同风格的头部习作。
4. 选择几个比较典型的手部造型和脚部造型进行临摹。

第三章

时装画的风格

课程名称：时装画的风格

课题内容：时装画风格概述
典型时装画风格赏析

课题时间：10课时

教学目的：阐述时装画风格的概念和分类，使学生充分了解时装画中各类风格，为接下来的设计奠定基础。

教学方式：教师授课、师生共同讨论。

教学要求：1. 使学生了解时装画风格的概念和内涵，了解时装画风格形成原因。
2. 了解中西方时装画风格的异同。
3. 熟悉掌握时装画中各种艺术风格表现与技巧。

课前（课后）准备：课前查阅时装美学与时装画相关的书籍和图片资料，准备上课用的纸和笔。课后将不同时装画风格整理出来，然后分析它们之间的不同点。

艺术家在创作中表现出来的艺术特色和创作个性，称之为风格，其常常体现在作品内容和形式的各要素中。古往今来，艺术史的演变为各种艺术门类带来了不同形式的表现风格，时装画亦是如此。时装画的风格是设计师和时装画家的艺术形式及个性的体现。时装画的作者有着不同的背景、技巧和手法，同时也受到所服务对象的制约，因此，时装画的风格可谓是千姿百态，对这些特性进行比较和分类，归纳出几种常见的风格，如写实风格、夸张风格、简约风格、装饰风格等。

根据艺术风格的不同，时装画的表达风格既可以较为写实，也可以较为艺术。时装画家们有的始终如一地保持着自己独特的风格，有的兼有多种风格走不同的路线。因时装画有不同的用途和类型，其风格也会随之变化。有的强调形式，突出个性；有的则无明显的个性风格，内容更重于形式。因此一幅优秀的时装画，除了服装结构表达准确，色彩、质感、图案表现得当，还应当根据服装的风格特点，选择相适应的风格来表现时装画。

第一节 时装画风格概述

“风格”在艺术领域里运用极为普遍，但却很难有一个固定的解释，在一般情况下，往往是指某种倾向、某种意识及由此而产生的较为统一的艺术表现方式，也是作者艺术修养、个性、爱好的体现。一些优秀的时装画家，他们以自己独特的艺术见解、热忱执着的情感及特有的艺术表达形式，形成了鲜明的艺术风格，给人以强大的震撼力。例如，托尼·维拉蒙特（Tony Viramontes）捕捉模特的角度非常独到，人物个性鲜明，有很强的现代感，如图3-1所示。安东尼奥·洛佩兹（Antonio Lopez）的作品既保留前辈的特色又有现代艺术的风格，如图3-2所示；阿尔丰斯·穆夏（Alfonse Mucha）的作品古典而唯美，充满了装饰主义风格的韵味；查尔斯·吉布斯（Charles Gibson）的作品去粗存精，画面风格直接爽朗，是19世纪最著名的时装插画家之一。

图3-1 维拉蒙特时装画作品

图3-2 安东尼奥时装画作品

一、相关概念界定

叔本华说：“风格是心灵的外貌”。风格历久不衰，它不会随着时间的流逝而消失，在不同的时期它被以不同的方式、不同的手法

图3-3 个性风格时装画一（辛喆作品）

图3-4 个性风格时装画二（李想摹画）

图3-5 服装效果图（范一琳作品）

重新诠释。“风格”一词最初源于希腊，是希腊人用来写字的棒子，后来演变成笔调或阐述思想的方式，随后词义范围扩大到音乐、舞蹈、绘画等各种艺术领域。艺术家在创作中表现出来的艺术特色和创作个性，称为风格，常常体现在作品内容和形式的各要素中，如图3-3所示，时装画的风格是设计师和时装画家的艺术形式及个性体现。

时装画在风格上百花齐放，针对不同的时装画风格，设计师会采用不同的表现手法。如在制作另类的解构主义设计风格时，设计师采用一些夸张的绘画手法，扭曲人物造型，夸张地突出局部效果，在服装的表现上极具张力。甚至也可运用机械风格、草图风格及荒诞风格等绘画形式，表现一些另类的设计。

时装画是以表现服饰美为目的，具有一定艺术性、工艺技术性的一种特殊形式的画种。从艺术的角度，它强调绘画功底和艺术感。现在也有很多时装画家，他们不是注重设计，而是美化设计，强调艺术感，具有很强烈的个人风格，有着很高的审美价值，如图3-4所示。从设计的角度，时装画又可以称为服装效果图或服装人体画，是表达设计意图的一个手段，如图3-5所示，这类时装画主要以写实风格为主。

绘画方式的不同和时装画家想要表达的形式不同造就了各种不同的时装画风格，随着时装画的用途改变，相应的时装画风格也会有所不同。时装画家或服装设计师从身边事物中得到美的启示而进行构思，捕捉艺术灵感，把极为活跃且稍纵即逝的思维和丰富的想象力、深层潜在的意念和拓展创作的思路、激发创作欲望等方面用绘画的形式表达出来，如图3-6所示，随着时尚流行与审美的变迁而不断变化。风格不是一朝一夕能够实现的，需经过漫长的探索、长期的实践，运用自己的个性、爱好及工具材料，不断总结经验、扬长避短，才能逐步形成适合自己的表现风格。

在工具上，各种各样新的工具被采用；在表现风格上，出现了夸张风格、写实风格、简约风格、装饰风格等多种风格形式。同时，时装画还不断吸收新技法，例如，电脑数码绘画、拼贴艺术等，如图3-7所示，总体呈现出不断更新的艺术风貌。

图3-6 时装画（学生摹画）

图3-7 电脑数码时装画（莫洁诗作品）

二、时装画风格美学

人类的祖先在与大自然的不断斗争中，脱离了动物的状态，产生了最原始的衣着。服装的产生，首先是因为御寒、遮羞的实用需要，随着生产力的发展，人类逐步产生了审美的观念与美化的要求，服装便又具有了一定的装饰功能。一个国家、一个地区、一个民族，在一定的时代，都会有受到人们喜爱、推崇的服装，这种广泛流行的服装就是时装。时装具有“新”与“美”的基本特征。时装的美也不是一成不变的，而是在不断地增添新的内容，带有新时代的气息，具有强烈的时代色彩。

随着时装生产的工业化、社会化，时装画已成为一门独立的画种，给艺术的门类增添了新的光彩。时装画在满足表达服装设计的功能的基础上，具有一定的时尚艺术的审美价值，其表现风格也有艺术性美学思想。时装画是运用一定的材料，通过必要的技法表现，创造出具有美感的绘画作品。服装是“人的第二肌肤”，时装画中的服装样式首先符合人体的生理要求，符合人穿着时的各种用途，这是时装画的机能美，如图3-8所示。用不同的绘画技法和材料将时装画体现出来，如水彩所表达出来的具有代表性的透明感、轻盈感、沁润感等多种多样的色彩艺术视觉上的特殊效果；水粉所表现出来的厚重感、体积感，以及装饰风格；彩铅塑造出来的明暗立体感及细腻逼真的效果；马克笔快速捕捉的明快、透亮的视觉感受等，使时装具有不同的外观效果与实用效果，这是时装画的材料美，如图3-9所示。

时装画就是实用美、艺术美与人体美的统一。时装画绘画是运用美学的原理对时

图3-8　时装画机能美（辛喆作品）

图3-9　时装画材料美（牛雪漪作品）

装进行外观设计，并且运用工程学的原理对时装的结构、制作进行合理性设计。时装画有着多元化的艺术风格，设计师与时装画家通过主观的艺术视角，将客观的时装款式、人物与画面元素进行解构重组，利用夸张、变形等手法强化处理，表现出各种各样的时装画风格，将时装画的艺术视觉效果发挥到最大，体现出丰富的形式美感和审美意趣，如图3-10所示。

随着时代的发展、时尚文化的广泛传播，时装画风格也朝着多元个性的方向发展，追求一种造型艺术所常用的形式美法则，通过构图处理、线条运用、色彩配置及表现技巧等方式，寻求一种个性化、感性化的表达状态。带着独立的艺术感染力和鲜活表现力的时装画，不仅有独特的艺术审美价值、多样性的表现风格，还为时装画的拓展开启了更为多元化、多维度的创作空间及发展前景。如一些传达设计师意向、概念的时装画，不同于用作实际生产参考的时装画，可以不拘泥于具体的款式和工艺，通过张扬的个性和鲜明的艺术风格来突出服装的艺术感染力，传递时尚信息，如图3-11所示，因此其具有一定的艺术情趣和审美价值。

图3-10　水彩时装画（任书萌作品）

图3-11　马克笔时装画（牛雪漪作品）

三、时装画风格的变迁

时装画从16世纪产生雏形，到今天的多姿与繁荣，其发展历史有四百多年，其中有两百年历史是在近世纪，占据了时装画历史近一半的时间。进入18世纪，在这个时期开放文化氛围的影响下，时装画风格开始出现了新的突破和发展，成为一个新的艺术门类。18—20世纪，时装画风格不断发展，涌现出阿尔丰斯·穆夏、查尔斯·吉布森、艾特雷（Etre）、保罗·波列（Paul Poiret）、瑞内·布歇（René Bouche）、安东尼奥·洛佩兹、埃德蒙德·齐拉兹（Edmond Kiraz）等时装插画家。

（一）18—19世纪

到了18世纪，出现了很多时装报纸与杂志，一些时髦的服装样式通过报纸、杂志广为流传。1759年，英文周刊《妇女杂志》（*The Lady's Magazine*）的创刊，1777年法国《时尚画廊》（*Galeries des Modes*）、《时尚衣橱》（*Cabinet des Modes*）、《服饰纪念碑》（*Monument du Costume*）等刊物的创刊，以具有商业性质制作雕版服装绘画的刊物逐渐成为有规律出版的年鉴形式的刊物。在18世纪后半叶，法国版画艺术达到了顶峰，拥有了较高的影响力。随着印刷技术的出现以及大众文化的提倡使得时装版画在不断增多的报纸杂志中占有很大比重，成为时装信息传播的主要形式。这个时期的服装绘画从单个款式的记录逐渐演变成多人的组合，并且画中表现出了一些周围环境和气氛，商业气息越来越浓厚。

（二）19世纪末至20世纪初

19世纪末期到20世纪初，受到“新艺术运动”（Art Nouveau）“装饰艺术运动”（Art Deco）等诸多艺术风潮的影响，时装绘画的风格也有很大的转变：装饰性的造型、整洁有序的画面，以及曲线型的植物装饰都形成了风格的表达。涌现出许多著名的时尚插画家，如阿尔丰斯·穆夏、查尔斯·吉布森、艾特雷、保罗·波列等，他们开创的绘画风格对当时时尚领域的影响都是前所未有的。

阿尔丰斯·穆夏一生当中创作了大量的商业插画，并取得了巨大的成功，他的画作古典而唯美，多用柔美而充满律动感的曲线来进行画面的组织和构成，是新艺术运动的代表人物之一。他的作品通常以表现女性为主，多用衣裙褶皱和自然花卉来进行结构的表现和美化，如图3-12所示。查尔斯·吉布森是美国19世纪最著名的并且在商业上最成功的插画家。吉布森的作品大多是黑白两色，工具以钢笔为主。运笔直接而爽快，运用不同程度的疏密效果来进行画面氛围的营造，注重描绘画面的光影效果与人物的立体感，如图3-13所示。

保罗·波列是服装史上具有划时代意义的人物，同时他也是一位时装画家，他对于艺术及时装画出版业的贡献也是巨大的，波列的设计代表了20世纪初这一时期的独特风貌，他将新艺术形式用于时装设计中，聘请了当时一些著名的时装插画家共同参与时装画册的绘制，其出版的《保罗·波列裙装设计集》中的插画很多是由保罗·艾罗比（Paul Iribe）完成的。他以清晰的线条和大面积亮丽色彩平涂为表现手法，被时装界看作装饰运动的里程碑，对当时的时装画发展起到了重要的影响，并形成了新的时装画风格。随着人类社会文化思想、艺术思潮和艺术形式的丰富与活跃，时装画逐渐形成了融合艺术审美、时代精神以及表现方式于一体的一种艺术形式，如图3-14所示。

图3-12　阿尔丰斯·穆夏作品

图3-13　查尔斯·吉布森作品

图3-14　保罗·波列作品

（三）20世纪20—50年代

20世纪20—50年代是时装画的繁盛时期。在这一时期，欧美现代主义思潮也在不断地推演之中，经过了“立体主义”“野兽派”“达达主义”“超现实主义”等流派。有很多的绘画艺术大师也偶尔参与到时尚绘画行业中来，如毕加索（Picasso）、马蒂斯（Matisse）、布朗库西（Brancusi），尤其是萨尔瓦多·达利（Salvador Dali），都曾经帮欧洲的服装品牌、时尚杂志等进行过大量的插画创作，为时尚插画带来了很深远的影响。20世纪30—40年代涌现出很多杰出的时尚插画家，如瑞内·布歇（René Bouche）和瑞内·格鲁奥（René Gruau）。

瑞内·布歇是法国著名画家，同时也是一位成功的肖像画家和服装绘画家。20世纪30年代，他开始为康泰纳仕（Condé Nast）集团工作，并绘制出风华绝代的时尚插画。1941年，他的艺术造诣和努力得到了美国时尚艺术界的认可，迅速成为当时美国*VOUGE*杂志的固定供稿人。他的插画豪放、不拘一格，色调成熟，构图完整，表现出一种别人无法达到的柔和细腻，甚至很多时候在表现时尚的同时还具有故事剧情和年代背景。瑞内·布歇的时装绘画既有纯绘画作品的艺术感，又有融合时装绘画的时尚感，是绘画与服装最完美的结合，如图3-15所示。

瑞内·格鲁奥1909年2月出生于意大利，20世纪20年代后期来到巴黎，开始了作为时装画家的生涯。他于1939年开始发表作品，受热内·波耶特·威廉姆兹（René Boyet Wilhelmz）的影响，他很注重画面的情调，运用厚重的明度对比，在深重色调平涂的底上常常喷洒鲜艳的颜色使作品充满浪漫、高贵的气质。他喜用黑色的笔触为人物勾勒轮廓，细节尽量精简并且着力表现动态的造型。他善于处理画面的构图，每一幅画都很有创意，具有广告画的特点，因此得到了时装大师克里斯汀·迪奥（Christian Dior）的青睐，其最著名的作品就是为迪奥所创作的时装画新风貌（New Look）。他的表现风格就是：只突出一个主题，以最简化的手法表现独特的绘画风格，如图3-16所示。正如他所说："线条就是我的风格，一条单线就可以勾画出大小、高贵和感觉。"这种绘画风格与20世纪40年代的社会环境相一致。无论是从设计师的角度还是从时装画家的角度，格鲁奥都为后人理解时装绘画艺术这一抽象事物提供了崭新视角。

图3-15　瑞内·布歇作品

图3-16　瑞内·格鲁奥作品

（四）20世纪60—80年代

进入20世纪60年代社会经济得到了很大的发展，各种艺术思潮活跃，很多新的艺术形式也相继出现。1948年，美国发明了无粉腐蚀法，照相制版开始获得了广泛的使用，使得照片可以大量地出现在杂志当中，大众的审美喜好也因新技术的到来而开始转

图3-17　安东尼奥·洛佩兹作品

图3-18　埃德蒙德·齐拉兹作品

变，更加偏爱于照片的写实、精细和清晰感，时装画也因此受到了冲击，走向了近40年的衰落期。然而在这段时间还是有一些令人尊敬的时尚插画家，如安东尼奥·洛佩兹和埃德蒙德·齐拉兹用他们的才华和坚持活跃在时尚领域，为我们带来了非常优秀的审美体验。

安东尼奥·洛佩兹自20世纪60年代跨入时装画界以来，他将劲道的笔法、明快的色彩，以及流行艺术中的幽默风格融入时装画中，他的作品中始终涵盖着时装变革和艺术潮流，不管是优美的女性形象还是嬉皮风格的人物，在他的笔下都显示出生动的时代气息。安东尼奥·洛佩兹的作品深受东方艺术的表现性、写意性、平面感的影响，用洒脱自然的笔触，近乎平面的色彩、造型，人物玩世不恭的姿态和眼神，配上装饰感极强的画风，征服了无数的观众，如图3-17所示。

埃德蒙德·齐拉兹于1923年出生于开罗，他刚开始的职业是一个政治漫画家。1959年他开始为法国杂志*Jours de France*工作，于是他绘画的内容也从政治题材转向漫画人物表现。随着时间的推移，他的绘画风格开始稳定和成熟起来，并以此创造出一个属于自己的标志性角色——“巴黎女郎（LES Parisiennes）”。并为*VOGUE*、《花花公子》《魅力》等杂志绘制了大量精美的时装插画，如图3-18所示。

（五）20世纪末至21世纪初

20世纪末，一批新生代艺术家通过*La Mode en peinture*（1982年）、《名利场》（*Vanity Fair*，1981年）、《视觉大富翁》（*Visionnaire*，1991年）等杂志的平台而声名鹊起；纽约帕森斯设计学院、纽约时装技术学院、伦敦中央圣马丁艺术与设计学院、伦敦时装学院开始开设时尚插画课程，并先后培养出一批著名的时装插画家。21世纪初，时装绘画又重新收复了它失落的山河，对多元化与个性化的追求使人们不仅仅满足于写实的时装摄影，时装绘画以其兼容并包的崭新面孔诠释着人们对于衣裳、对于时尚、对于服装消费的认知。20世纪末至21世纪初不断有新的时装画家出现，如大卫·当顿（David Dounton）、阿图罗·艾林纳（Arturo Elena）、托尼·维拉蒙特等。

大卫·当顿1959年出生于英国伦敦。原本学习平面设计，从学校毕业之后却以出色的插画风格成功闯出名号。大卫·当顿善于掌握人体形态，其简洁的线条加上不做作的风格，让他在时尚界迅速蹿红。他的作品自然飘逸、造型唯美，色彩明快轻柔，线条生动流畅，虚实变化有度。他喜欢运用黑色线条与纯色块面进行对比、粗重的轮廓线与细节线进行对比、有色与无色进行对比，使整个画面呈现虚实结合、疏密有致的节奏感。并且他善于抓住模特的面部神态和特征，寥寥几笔就可以生动地勾勒出人物的神情，如图3-19所示，他也被称为时尚插画界的写意大师。

图3-19 大卫·当顿作品

阿图罗·艾林纳1958出生于西班牙的特鲁埃尔，是西班牙著名的时装插画家。他的时装画把富贵、奢华、张扬的女性气息表现得淋漓尽致，完美拉长的轮廓线条强化女性的身高比例和胸、腰、臀之差，微启的性感红唇、优雅的颈部线条是他的时装画的典型代表。他喜欢在画面中强化人物的姿态的动势，使画面充满视觉张力。对人物的头部、服装和配饰都进行了写实而细致的刻画，以突出人物的质感和画面的精彩部分，如图3-20所示。阿图罗·艾林纳作为当今西方首屈一指的风格主义大师，雄霸了*VOGUE*杂志二十多年的时间。

图3-20 阿图罗·艾林纳作品

四、中西时装画风格比较

中西方时装画都是在当时社会经济形态和文化领域的巨大变革冲击下产生的。西方早期的时装画是起源于16世纪的时装版画，西方最初的时装画是为贵族所服务的，到了20世纪才开始在大众盛行。而中国的时装画最早出现在19世纪末期，两者在产生时间上相差了三百多年，时装画的普及也经过了相当长的时间，民国时期的时装画受到西方服饰文化的影响，时装画的表现内容贴近大众生活，突出大众传播性和商业艺术价值，具有浓厚的商业特征。

中国和西方时装画在表现内容、表现技法和风格特征上都有所不同，如表3-1所示。20世纪前，西方时装画主要以木版画、铜版雕刻、蚀刻法和水彩表现为主，表现内容主要是服装样式的再现和流行预测设计，早期的时装画还没有形成系统的风格。中国在20世纪前并没有形成真正意义上的时装画，表现内容大多为皇家人物肖像画，以纪实绘画为主，技法以绢纸设色、工笔国画、油画为主。

表3-1 中西方时装画对比

时期	西方			时期	中国		
	表现内容	风格特征	代表人物		表现内容	风格特征	代表人物
1530年—1610年	此时期流行的成衣服装样式再现	以木版画的表现为主，流行周期长，大多是已有服装样式的复制，但未形成具体风格	温恩劳斯·荷勒 理查德·盖伊伍德等	16世纪至20世纪初	宫廷纪实及生活记载	写实风格为主，只能称为人物画，不是真正意义上的时装画	仇英等
1620年—1760年	开始出现预测性服装设计作品，由单一服装款式的再现，逐渐变成系列服装推广	铜版画表现为主，以美化女性为主的艺术风向画面色彩绮丽、服饰华贵	安东尼·华托等		皇家人物肖像，装饰画历史绘画，纪实绘画		郎世宁等
1770年—1900年	已有服装样式和流行预测设计兼具	以表现女性交流的生活片段为主要内容，色彩典雅唯美，充满浪漫主义气息	科林家族等		皇家人物或者大众生活的纪实性绘画为主		广州“外销画”等
20世纪初	时尚服饰流行趋势的推广	受“新艺术运动”和“装饰艺术”的影响，以极具节奏感的装饰性曲线及追求几何线条、对称性的装饰风格为主要特征	查尔斯·沃斯 保罗·波列 奥博瑞·比亚兹莱 阿尔丰斯·穆夏等	20世纪初	以中国传统仕女为题材，主要为此时期流行的服装款式再现	借鉴西方写实的“理性”表达，细致刻画服饰的写实形态	郑曼陀等

续表

时期	西方			时期	中国		
	表现内容	风格特征	代表人物		表现内容	风格特征	代表人物
20世纪30年代	首次出现服装设计的时装画册	在众多艺术流派的推动下时装画充满强烈个性风格整体气质鲜明、品位独特、风格迥异	艾尔特 艾里克威廉姆兹 勒内·布歇尔 等	20世纪	时尚服饰的传播与流行推广	中式、西式及中西式结合的三种表现风格并行的特征	杭穉英 叶浅予 方雪鸪 等
20世纪 40—50年代	服装设计款式及着装效果推广	受“二战”影响时装画萎缩，美国时装画发展受到前卫现代艺术风格的影响，时装表现出鲜艳的色彩，优美的人体姿态的特征	史蒂文·史迪波尔曼 本·莫里斯 迪奥 等		40年代初，以月份牌内容为主	具有时装插画的表现特征	张碧梧 等
20世纪60年代	时装设计推广、广告时装插画	未来主义风格特征	安东尼奥·洛佩兹 等		50—60年代，服装款式受苏联影响较大	以写实风格为主，人物比例适度，具有职业化、平民化的特征	
20世纪70— 90年代	艺术、时装插画时装设计并重表现内容丰富	兼具纯绘画艺术、时装设计、商业性于一体	皮尔·让唐 威拉芒特 伊夫·圣·罗朗 等		主要以表现时装设计为主，开始尝试时装插画的个性表达	时装画风格受西方影响较重	刘元风 张肇达 吴海燕 等
21世纪	时装插画、时装效果图以及装饰性时装画	多种风格流派并行的状态	克里斯托弗·凯恩 大卫·当顿 凯西·霍恩 阿图罗·艾琳纳 等	21世纪	时装插画、时装效果图以及装饰性时装画	多种风格流派出现，兼具艺术表现力、审美价值与商业价值的特性	邹游 刘瑾 袁春然 等

图3-21　乔尼尔·博蒂尼作品

图3-22　民国时期月份牌

20世纪初期，西方受“新艺术运动”和“装饰艺术”的影响，时装画出现了以追求几何线条和装饰性曲线的装饰风格，到20世纪中期，在众多艺术流派的推动下，时装画呈现出强烈的个性风格，出现了各种不同的艺术风格流派，如图3-21所示。我国真正意义上时装画的出现是在民国时期，这一时期被誉为中国时尚插画的开端。民国是一个“西风东渐”的时代，西方的思想文化与生活习俗通过各种方式传入东方，并与东方文化不断碰撞，民国的时装画则以将中国画的白描法、水墨画法与西方的线描法、水彩画法以及色粉画法等相融合，形成了独特的中式、西式以及中西式结合的三种表现风格并行不悖的局面，出现了以擦笔水彩技法、线描为主的时装画，形成了各具个性的时装画艺术风格，为后期的时装画发展奠定了很好的基础。月份牌和生活类杂志成为这一时期最具影响力的宣传媒介，“摩登”“新潮”女郎的形象成为中国最早的时装画，如图3-22所示。代表的画家有郑曼陀、关蕙农、杭穉英、叶浅予、方雪鸪、张碧梧等。

21世纪以来，中西方时装画表现内容基本以时装插画、时装效果图以及装饰性时装画为主。多种传统技法的突破和电脑数字化技术的出现使得时装画表现技法朝着多元丰富的方向发展，各种不同的时装画风格在不断涌现，时装画也兼具着艺术价值、审美价值和商业价值的特性，这一时期西方代表的时装画家有克里斯托弗·凯恩、大卫·当顿、凯西·霍恩、阿图罗·艾林纳等，中国有代表性的时装画家有邹游、刘瑾等。

第二节　典型时装画风格赏析

时装画不同于其他形式的绘画艺术，其具有鲜明的特点，主要功能是通过平面视觉传达的形式，表达自己的设计思想。其表现的风格方法有多种，有的很精致、逼真，有的很夸张或很简略，变化无穷，时装画的造型风格需要有扎实的基本功之外，还要表现出设计师的思想情感以及对时尚敏锐的洞察力和艺术品位。

时装画没有绝对固定的形式与风格，每位设计师的风格是经过长年积累和体验逐渐形成的一种形式，造型上更是依据个人的性格、爱好、绘画习惯而呈现多样性。时装潮流不是一成不变的，随之衍生的时装画也是同样。进入20世纪90年代后，人们的审美趋向已经越来越多样化，时装画的风格也更加丰富和个性化。写实、夸张、简约、装饰等各种风格使时装画趋向多样化，如图3-23所示。各种材料与技术也运用到时装画的创作中。不同风格表现出来的服装面料的质感、图案和颜色，以及服饰配件的搭配效果也会有所差异，下面通过写实风格、夸张风格、简约风格、装饰风格等各种风格时装画来解析时装画的风格。

图3-23 夸张风格时装画一（孙婉滢作品）

一、写实风格

写实风格是一种接近于现实的描绘风格。人物的比例形态有一定的夸张，但不强烈。写实画法是对人体造型、脸部特征、面料肌理、服装的细部（包括款式结构、花纹图案、衣纹衣褶、光影效果等）进行真实的表现。人物的形体、表情等都比较逼真、自然，接近现实生活，而且对人物及服饰的刻画也较细腻、准确。写实风格常用在时装设计效果图和流行穿着的样式图中，如图3-24所示，一般用水粉或水彩颜料绘制，这种画法强调整体性、空间层次、主次虚实，用明暗和色彩关系逼真地表现出来，对这种风格的把握需要有扎实的绘画基本功，力求准确、生动地表现人体和服装的结构，同时要注意透视的变化。

写实风格的时装画是按照真实效果进行的复制性描绘，所绘图案具有仿真效果。写实风格的特点是直观、真实、准确。它通常指能够真实表现出服装的穿着状态或形式，对服装的款式、面料质感以及色彩都表现得较为直观，能真实地模拟日常现实。由于这种风格的写实性，能非常直观地表现出服装的效果，因此广泛运用于绘制服装款式图中，来详细记录服装的款式特点。

图3-24 写实风格时装画（柳丹作品）

写实风格的绘画对设计师的素描功底要求较高，因此设计师在平时的绘画中，可以加强素描和速写的练习。在表现写实时装画时，不宜像照相机式的机械模仿，成为客观对象的翻版，而要通过认真分析，对客观事物进行概括、提炼，或将人体比例、动态进行夸张、变化，对服装色彩进行归纳处理，另外，还要注意线条的省略与取舍。在绘制写实风格时装画时可以借助电脑时装画技法，在细节的处理上做到位，尽可能地精细刻画。

二、夸张风格

夸张这一艺术手法用于时装画时，可使服装的特征更突出、更强烈，从而使画面更鲜明、更富有感染力。省略是通过省略次要部分来突出主要部分，而夸张是直接强调主要部分的某一特点来突出主要部分，两者有时可并用。夸张风格在时装画的表现中，主要指突出表现人体的局部特征或服装的局部细节，以达到凸显主题、强调服装的特性和个性的目的（例如身长比例中腿部的加长或者五官的概念化处理），如图3-25所示。这种夸张手法，也是一种特殊的艺术表达方法，通过夸张的手法把设计者的创作理念直观地传递给观赏者。

图3-25 夸张风格时装画二（任书萌作品）

在绘画技巧上，夸张风格的绘画手法不拘小节、自然流畅，在非正常的比例中体现出其风格的独特魅力。在色彩运用上，夸张风格的色彩运用大胆，有简约的一笔带过的利落之美，也有色彩饱和度极高的艳丽之美，在视觉欣赏中给人以自由的非凡感受，如图3-26所示。即使夸张风格的时装画作品也需要将服装的基本特征与结构表达清楚，夸张是以现实生活为基础的，要符合情理，避免出现使人感到荒谬的形象，并且要注重服装的视觉美感，因此要求作者应具有较强的艺术表现能力和审美能力。

图3-26 夸张风格时装画三（学生习作）

夸张风格的时装画是抓住设计主题，对某些部分进行夸张和强调。常用放大、缩小、增加、删减、变形等表现手法。一般是夸张廓型、缩小头部、拉长身材，形成完整和谐的夸张整体。夸张风格多以变形的手法突出个性，不惜放弃对服装和人物的合理描绘，追求怪异的，突破常规的画面效果，特别是对新奇气氛的营造及绘画者情绪的宣泄，充满思想和情感之美，这样的时装画往往一目了然，具有很强的感染力，很容易引起人们的共鸣，如图3-27所示。

图3-27 夸张风格时装画四（学生习作）

三、简约风格

艺术创作“宜简不宜繁，宜藏不宜露”，这是齐白石老人对简约最精辟的阐述。简约风格的时装画是指通过简单明了的画面，运用概括的手法使画面达到以少胜多、以简胜繁的效果，来传达设计师的意趣和服装的精髓。但是，简约并不等同于简单，简约是将物体简化地表现出来，如图3-28所示，需要重新提炼其精华。简约风格绘画过程简单、自由，并且更易突出设计师的绘画功底，因此在实际应用中使用得较为广泛。

图3-28 简约风格时装画一（学生习作）

简约风格以简洁的手法，概括地描绘时装人物的基本形态和神韵，一般有人体简化和服装简化两种方式，人体的简化可以省略人体的五官、四肢等，而服装的简化可以省略部分衣纹、图案等。简约风格时装画通常非常含蓄，特点是将设计的元素、色彩简化到最少，但对色彩、服装的整体效果要求很高，简约风格的时装画造型简单，讲究色调对比，要求线条干净利落，通常以简洁的表现形式来营造设计师的设计意图。

在表现时装画的简约风格时，可以从块面中化繁为简，如图3-29所示，从实态中提炼出主要内容，将重点明确地表现出来。这种风格的时装画有明快的构图，洒脱的用笔，简洁概括而富于神韵的造型，想很好地表现简约风格的时装画需要对描绘对象的结构了然于胸，落笔高度概括，线条简洁，表达出设计意图的重点。

图3-29 简约风格时装画二（学生习作）

四、装饰风格

装饰风格的时装画最大的特色是平面化的表现手法，对人物形象和服装的线条进行高度概括、归纳和修饰，使画面产生节奏和韵律感，通常具有较强的视觉冲击力，多用于时装插画和时装海报中。装饰风格注重体现画面的艺术形式美，运用形式美原理中的点、线、面结合色彩作为表达形式和表现手段，在服装表面辅以完善主题为目的的图案和服饰细节，构成具有视觉冲击力的装饰风格时装画。装饰风格时装画在表达上，可以采用具象或抽象的手法对事物进行加工和刻画，这种风格更侧重于一定的装饰性，在表现手法上，通常运用平面设计中的设计元素予以表现，如图3-30、图3-31所示。

图3-30　装饰风格时装插画一（图片来源：PINTEREST网站）

装饰风格时装画更注重体现画面的艺术形式美。装饰风格是指对形象加以主观审美的提炼和概括，如概括的人物形象、平面化的绘画手法、大色块的对比以及富有情趣的服饰图案和细节处理，如图3-32、图3-33所示。装饰风格时装画在表现手法上可以采用平涂和渲染的绘画手法，通过一些带有秩序美感的顺序进行排列，将设计图按一定的装饰美感形式表现出来，达到设计者需要的独特艺术效果。装饰风格时装画适合表现那些装饰风格明显的服装，如服装细节出色，装饰意味浓郁的服装等。

图3-31　装饰风格时装插画二（图片来源：PINTEREST网站）

图3-32　装饰风格时装画三（辛喆作品）

图3-33　装饰风格时装画四（学生习作）

本章小结

时装画广泛应用于服装设计中，充满生命力，比服装、着装模特更具典型，更能反映服装的风格、魅力与特征。好的时装画能够采用合适的绘制风格把服装美的精髓和灵魂表达出来。因此时装画越来越受到人们的重视，形式风格不断增多。在社会科技高度发达、东西方文化相互渗透的今天，各种艺术流派纵横交错，多种艺术形式和设计风格争奇斗艳，时装的发展和其他造型艺术一样，越来越受到社会的普遍重视。与此同时，不同的艺术流派也丰富和活跃了时装画的艺术形式和内容，不同风格的表现手法日趋丰富多彩。例如，吸收和借鉴国画、装饰画、连环画等艺术形式来表现；运用剪纸和其他民族艺术的处理手法来表现；利用布料和画报剪贴的方法来表现等。一幅优秀的时装画，应当根据服装的风格特点以及最佳表现形式，选择相适应的风格来表现时装画。

思考题

1. 除了本书介绍的时装画绘画风格外，你还接触过哪些风格？

2. 中西时装画风格有何异同？可从哪些角度来探讨风格与服装的关系，以及风格在时装画中的重要性。

3. 列举出几位你认为极具风格的时装画大师，并分析其风格特点。

作业

1. 认真学习各种风格时装画的特点并完成四种风格的时装画各一张，要求在八开纸上表现。

2. 把自己感兴趣的风格进行糅合与叠加，创作一幅包含两种或两种以上风格的时装画。

3. 根据自己的喜好，创作一些风格近似的时装画作品。

第四章

时装画的表现技法

课程名称：时装画的表现技法

课题内容：不同绘画媒介下的表现技法
综合表现技法

课题时间：10课时

教学目的：使学生了解各种绘画媒介的表现技法及综合表现运用，能使用不同的表现技法绘制出完整的时装画。

教学方式：教师示范授课，学生课堂临摹练习并尝试写生。

教学要求：1. 了解手绘与电脑绘画的基本表现技法与绘制步骤。
2. 了解拼贴时装画与综合媒介时装画的表现技法。
3. 熟练掌握一种或多种时装画的表现技法。

课前（课后）准备：准备上课时需要用到的绘画工具，搜集个人喜欢的时装画和服装秀场图进行临摹与写生。

服装有着“人体的画布”之称，在进行时装画的绘制时应该比服装本身、比着装模特更具有代表性，更能反映出服装的特征、魅力与风格，也更具生命力和创造力。好的时装画能把时装中美的精髓、美的灵魂表现出来，从而传递一种艺术情感，体现一种生活态度。因此，在日常生活中我们应该及时了解时尚信息，并且收集和整理自身感兴趣的时装画。时装画是更为艺术性和主观性的表达，时装画重点在于表现着装者的造型、色彩、面料肌理等时装特点和氛围，以及对某种生活态度情景的表达。

随着时代的审美变化和科技的融入，时装画的表现技法不再局限于传统的绘画材料，而是逐渐加入更多的种类，如拼贴、综合媒介、电脑等新型的表现技法，使得时装画同时兼顾实用性与艺术性。在学习时装画的表现技法时，时装画的效果不仅受人体比例、服装款式变化、服装色彩搭配、线描运用的影响，也会因为表现技法的不同而呈现出多样的艺术效果。

第一节　不同绘画媒介下的表现技法

时装画可以博采众长，兼收并蓄，几乎所有绘画材料及技法都可以为其服务，创作出具有艺术性的作品。时装画的主要目的是表现服装及其风格，因此，时装画又具有不同于纯绘画的限定性，其绘画技法应可与其表现的服装相呼应，作者亦可根据自身的审美情趣来选择表现技法，使时装画的风格与技法在统一中呈现变化。

一、手绘时装画的表现技法

手绘时装画的表现技法多种多样，以下为三种最为常用的表现技法，包括水彩表现技法、彩色铅笔表现技法和马克笔表现技法。在绘制时装画时可以根据实际需求将一种或多种表现技法相结合。

（一）水彩表现技法

水彩在服装效果图中的表现灵活多变，能够生动且准确地表达设计师的想法，也因其具有丰富的表现能力、快速易干、色彩层次丰富和颜料透明灵活的特点，深受现代服装设计师的喜爱。

水彩颜料分为管装膏状水彩和盒装干状水彩两种形式，其绘画工具多样，可与其他绘画材料混合使用。其中最突出的特点是透明且轻薄，在绘制较为轻盈的面料肌理时比较有优势，适合表现具有透明感、飘逸感和轻快感的薄型面料，以及明快、清雅、亮丽

图4-1　水彩湿画法（李慧慧作品）

图4-2　水彩干画法（辛喆作品）

色调的服装。但水彩的覆盖性较差，因此在绘画时要求一次就达到效果，对技术有一定的要求。水彩的绘画关键是在于水量的把握，水量的多少会使画面产生截然不同的视觉效果，通常水彩的常见表现技法有两种，即湿画法和干画法。

第一种是水彩湿画法，如图4-1所示，其中湿画法又可分为湿的重叠和湿的接色两种方法。湿画法在第一遍色未干时接着上色，期间要把握好水分和时间。在上第二遍色时，注意笔尖含色要饱和，含水要少，绘制出局部画面细节。在上第三遍色时，观察清楚纸上的水分变化，掌握好时间后进行着色，勾画出细节部分和暗部，区分整体画面的明暗关系。另外，需要注意的是有时要待第二遍色干后才着第三遍色。

第二种是水彩干画法，如图4-2所示，其又可分为层涂、罩色、接色、枯笔四种方法。水彩干画法是一种相对比较简单的方法，适合初学者学习，它的特点主要在于色彩层次丰富、表现手法肯定、形体结构清晰、不需要渗化效果，但是上色时间较长。绘制时需要对颜色进行层层叠加，在第一遍色干透之后再上第二遍色，第二遍色干透之后再上第三遍色，可以根据实际情况添加或减少上色次数，直至最后完成。往往整幅画面的精髓部分在于收笔工作，因为画面的趣味和情调都取决于此。

干画法适合初学者学习，绘制时将颜料直接涂在干的纸上，待颜料干了后再继续涂色。可以反复进行着色，有时同一个区域需要绘制两到三次，甚至更多次数，这种画法比较容易掌握。它的特点主要在于色彩层次丰富、表现手法肯定、形体结构清晰，不需要渗化效果。

水彩效果图作画步骤如图4-3所示。

（1）步骤一：绘制线稿。先用铅笔绘制出人物的整体动态、神情与着装效果，注意线条的虚实与走向。

（2）步骤二：填充基础肤色，区分服装与人体的颜色。先用勾线笔或者钢笔勾画出重点衣褶线，再使用水彩填充基本肤色。

（3）步骤三：刻画人物五官和头部造型，运用勾线笔加深，强调眼睛的深邃感，提升面部立体度，增强妆感。

（4）步骤四：加强服装整体亮暗部，突出服装内部结构与款式特征。

（5）步骤五：深入刻画，绘制服装整体材质。区分外层罩纱与白色连体裤的质感，注意其中的虚实变化。

（6）步骤六：深入细节。根据面料的特点，强调画面的色彩关系，把衣服细节刻画完成，增加整体细节，最后调整画面，绘制高光。

（a）步骤一　（b）步骤二　（c）步骤三

（d）步骤四　（e）步骤五　（f）步骤六

图4-3　水彩效果图作画步骤（李慧慧作品）

（二）彩色铅笔表现技法

除了普通的铅笔外，彩色铅笔更多地被应用在时装绘画上，彩色铅笔质地相对细腻，色彩也很柔和，颜色种类多，使用方便，携带便捷，是很多时装绘画作者喜爱的绘图工具。彩色铅笔可以分为普通彩色铅笔与水溶性彩色铅笔两种类型。普通彩色铅笔在性能和效果上与普通绘图铅笔相似，不同点在于其色彩选择多样。在表现不同的面料质感上，可适当运用虚实不同的笔触来进行勾勒与涂画，也可以用彩色铅笔与其他绘图工具相结合来描绘画面的不同部分。在彩色铅笔中还有比较特殊的一种就是水溶性彩色铅笔，其既有彩色铅笔的优点，又拥有水溶特性。即只需使用干性的材料涂画，再蘸水将颜料晕开，就可以表现出类似水彩画的效果。水溶性铅笔和蜡笔的好处是便于携带，可快速记录下街头或T台上的人物。如果需要，可在返回家或工作室后，再用颜料绘画进一步完成作品。水溶性彩色铅笔可以在描绘完后用清水将其溶开，达到一种晕染的效果。在绘画中可以根据不同的需要将不同的部分作水溶性和非水溶性两种处理。

彩色铅笔表现技法既运用了素描的艺术规律来表现服装造型和面料质感，又能运用色彩规律来体现服装的色彩。其用笔用色讲究虚实、层次关系，以表现服装的立体效果，使画面的服装造型和面料质感特征更加细腻逼真，也可与水彩、水粉、色粉笔等颜色结合使用，产生多种丰富的艺术效果。

图4-4　彩色铅笔表现技法（王冰源摹画）

彩铅画是介于素描和色彩之间的绘画形式。它的独特性在于色彩丰富且细腻，利用彩铅的形式完成时装画，可以表现出较为轻盈、通透的服装质感，这种效果是其他工具、材料所不能及的。只有充分利用彩铅的独特性的作品，才算是真正的彩铅时装画。彩铅画的基本画法为平涂和排线，结合素描的线条来进行塑造。由于彩铅有一定笔触，在排线平涂的时候要注意线条的方向，要有一定的规律，轻重也要适度。因为蜡质彩铅为半透明材料，所以上色时按先浅色后深色的顺序，否则深色会上翻。彩铅的深浅浓淡是靠手的力度控制的，画时力度均匀，才能使色彩达到我们所需要的效果，如图4-4所示。

彩铅是设计师日常生活中运用得比较多的且运用起来比较方便的绘图工具。彩铅画法也是时装画表现技法中常用的一种，因此学习好彩铅的使用技法，是绘制时装画中很重要的一部分。

彩铅的使用技法包括三个方面：平涂排线法、叠彩法、水溶退晕法。平涂排线法是运用彩色铅笔，均匀排列出铅笔线条，以达到色彩一致的效果的方法。平涂排线法又可分为两类，即平涂法和排线法。叠彩法是运用彩色铅笔排列出不同色彩的铅笔线条，色彩可重叠使用，其变化较为丰富。水溶退晕法是利用水溶性彩铅溶于水的特点，能柔和彩色铅笔的粗糙线条，晕染后的颜色会呈现出水彩的效果。将彩铅线条与水融合，达到退晕的效果。水溶后颜色的轻重取决于使用彩色铅笔的轻重，也就是要在水溶前注意颜色的轻重和所要晕染的颜色间的直接关系。通过水衔接、过渡颜色，可以发挥水溶性彩色铅笔的特点。在画面上加水的时候要注意，一定要等前一次水溶后的颜色干透了以后再加水调和，这样色彩会更加透明和柔和。

彩铅时装画作画步骤如图4-5所示。

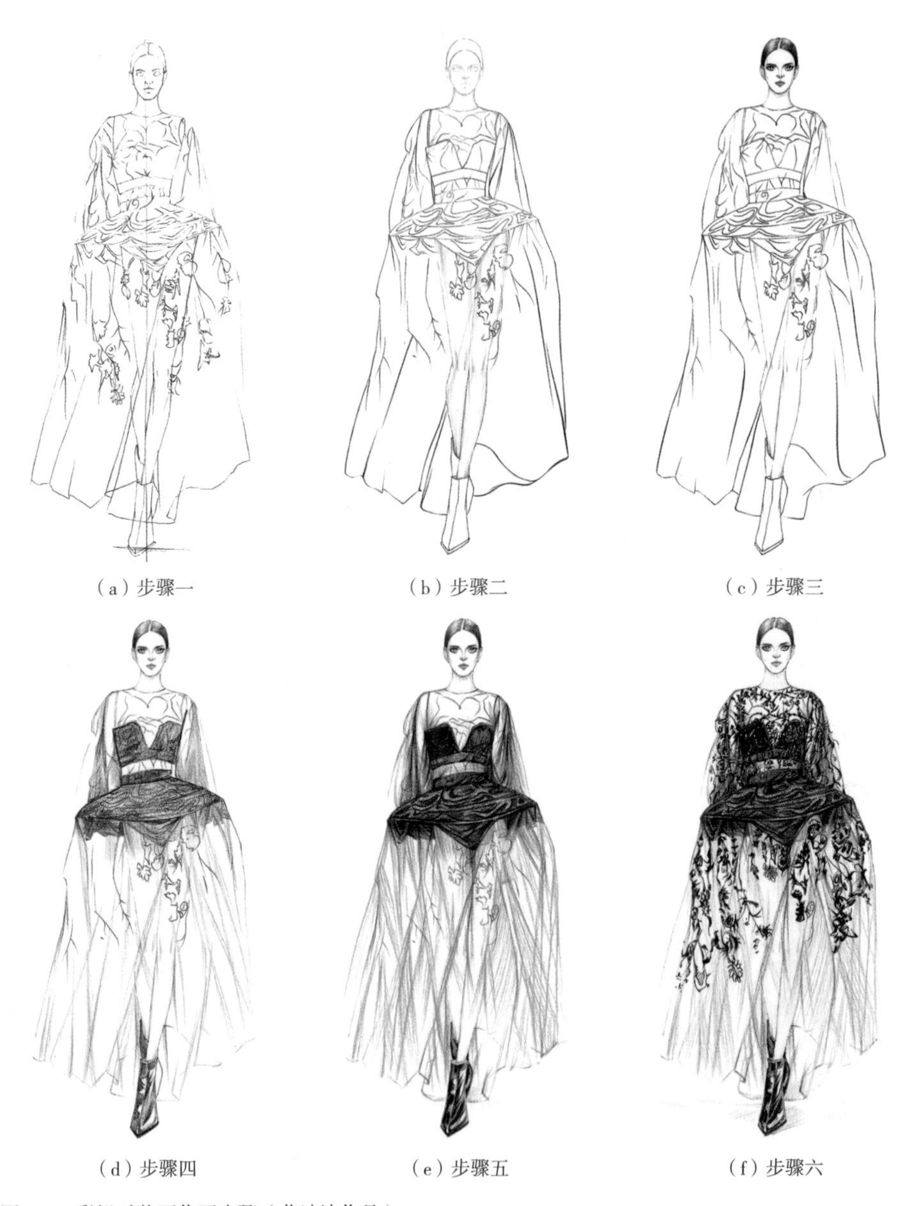

（a）步骤一　（b）步骤二　（c）步骤三

（d）步骤四　（e）步骤五　（f）步骤六

图4-5　彩铅时装画作画步骤（莫洁诗作品）

（1）步骤一：绘制线稿。运用铅笔绘制出人体比例和动态以及服装的廓型和款式结构，适当勾画出服装图案的位置。

（2）步骤二：绘制出皮肤颜色与区分明暗关系。选用接近皮肤色的彩铅，从阴影处下笔，如头发下面的额头，眉弓、鼻梁侧面等，使用柔和的笔触一层层加深。

（3）步骤三：深入刻画面部五官和头部细节。绘制出五官的特征及妆容，增添面部立体感，头部按照发型结构画出质感与体积感，留出头发高光位置。

（4）步骤四：选择黑色彩铅大面积填涂服装主色，画出衣褶和裙摆走向，强调服装整体轮廓和内部结构。

（5）步骤五：加深整体明暗关系，突显服装的层次和虚实关系，绘制出服装中不同面料的质感，形成鲜明的对比。

（6）步骤六：深入刻画服装细节和鞋子材质，勾勒出服装图案的具体位置、走向和形状，如上衣和裙摆上的花卉图案，最后调整画面，加入高光点缀。

（三）马克笔表现技法

马克笔是一种用途广泛的手绘工具，它的优越性在于绘制便捷、表现力强，如今已经成为广大服装设计师们必备的手绘工具之一。马克笔色彩丰富，通常分为几个系列来表现，包括红色系列、蓝色系列、黄色系列等，使用起来非常快捷、方便。

马克笔是目前较为流行的一种现代绘画工具。其画法和铅笔、钢笔大致相同，初学者比较容易掌握。用马克笔作画线条流畅洒脱，色彩透明清晰，且整体效果易表现。使用马克笔要注意：点、线、面必须灵活组合。马克笔线条粗厚，画面应侧重于大致效果的描绘，不能太拘泥于细节的表现。马克笔笔头呈扁平状，可以利用笔头侧、平、转、立等不同角度表现线条的变化。

图4-6 马克笔表现技法一（郑亚楠摹画）

这种表现方法在国外时装设计界极为盛行。马克笔线条活泼圆润，粗细不一，丰富而有序，时而稚拙、时而优雅，可使时装画别有一番趣味，用以表现休闲类的服装再适合不过。在作画时，要对线条的粗细、曲直、聚散心中有数，一气呵成，偶尔也可以穿插一些细芯笔的线条，以使画面更丰富，充满现代艺术气息。在表现时要注意把握好线与面的秩序感和节奏感，如图4-6所示。

马克笔可以说是众多时装绘画工具着色最为方便快捷的一种工具，因其色彩饱满、着色性佳、颜色种类丰富而被广泛使用于时装绘画中。马克笔分油性和水性两类，在覆盖性、笔触、色彩观感上颇为不同。油性马克笔色彩浓郁，效果厚重而润泽，有很强的覆盖性，可以画在特殊纸张上，适合大面积涂抹；而水性马克笔的覆盖力则不及油性马克笔，其笔触较为清晰，绘画效果类似于淡彩，颜色柔和而透明，易干，叠加处会有笔痕，因此在绘画时要控制好速度。在进行马克笔的绘画创作时，一般可以通过笔触的排列和穿插来展现其特色。用马克笔时注意运笔前要打好腹稿，除根据创作需要适当留白以外用笔应果断而肯定。另外，使用马克笔应遵循“先浅后深”的着色顺序，如若反复涂抹多层颜色，其重叠部分可能会使画面脏浊。通常在深入画面时，可以采用其他工具进行下一步细节的加深或提亮，通常可与钢笔、彩铅或水彩混合使用。

在使用马克笔作画时，应当选用吸水性差、纸质结实、表面光滑的纸张来作画，比如马克笔专用纸、白卡纸等。在使用马克笔进行单色渲染时，不同马克笔笔头的渲染方式各异，渲染效果也不一样，但由于是单色，在使用时，会让人觉得色彩较为单一，层次感、明暗并不能够明显地表现出来。在进行多色渲染的时候，不管是用多少种颜色进行渲染，要记住，浅色总是会被深色覆盖掉。使用太多种颜色进行重叠渲染，会使画面显得脏乱。使用多色，不重叠的方式进行渲染，会根据颜色的不同，让画面颜色丰富艳丽。

马克笔不具有很强的覆盖性，淡色无法覆盖深色，所以在刻画渐变效果时，应该先从浅色开始绘制，然后用深色覆盖，逐步增加画面的细节及渐变效果。在表现物体的明暗、层次时，经常会用到同色系的颜色进行渐变渲染，使物体呈现立体感。马克笔的笔触变化多样，在绘制时装画时，要注意马克笔的运笔方式及手部力度的掌控。马克笔的笔头有圆头和方头之分，使用时，可以通过调整画笔的角度和笔头的倾斜度，达到控制线条粗细变化的笔触效果。马克笔用笔要求速度快、肯定、有力度。

马克笔不适合做大面积的涂染，需要概括性的表达，通过笔触的排列画出三四个层次即可。马克笔不适合表现细小的物体，如树枝、线状物体等，所以在用马克笔处理图案时，可以直接用想要的颜色，涂较大图案的颜色，比如大的图案、条纹、格纹、圆点等。如果要表现比较深的颜色图案时，可以直接在铺好的底色上进行图案刻画，如图4-7所示。

图4-7 马克笔表现技法二（毛婉平作品）

马克笔效果图作画步骤如图4-8所示。

（1）步骤一：绘制线稿，先用铅笔绘制人物着装动态线稿，并用铅笔勾画出面部和项链的大概轮廓，线条勾画要光滑、流畅。

（2）步骤二：用勾线笔勾出所有人物及服装轮廓、内部结构线，线条勾画要光滑、流畅。

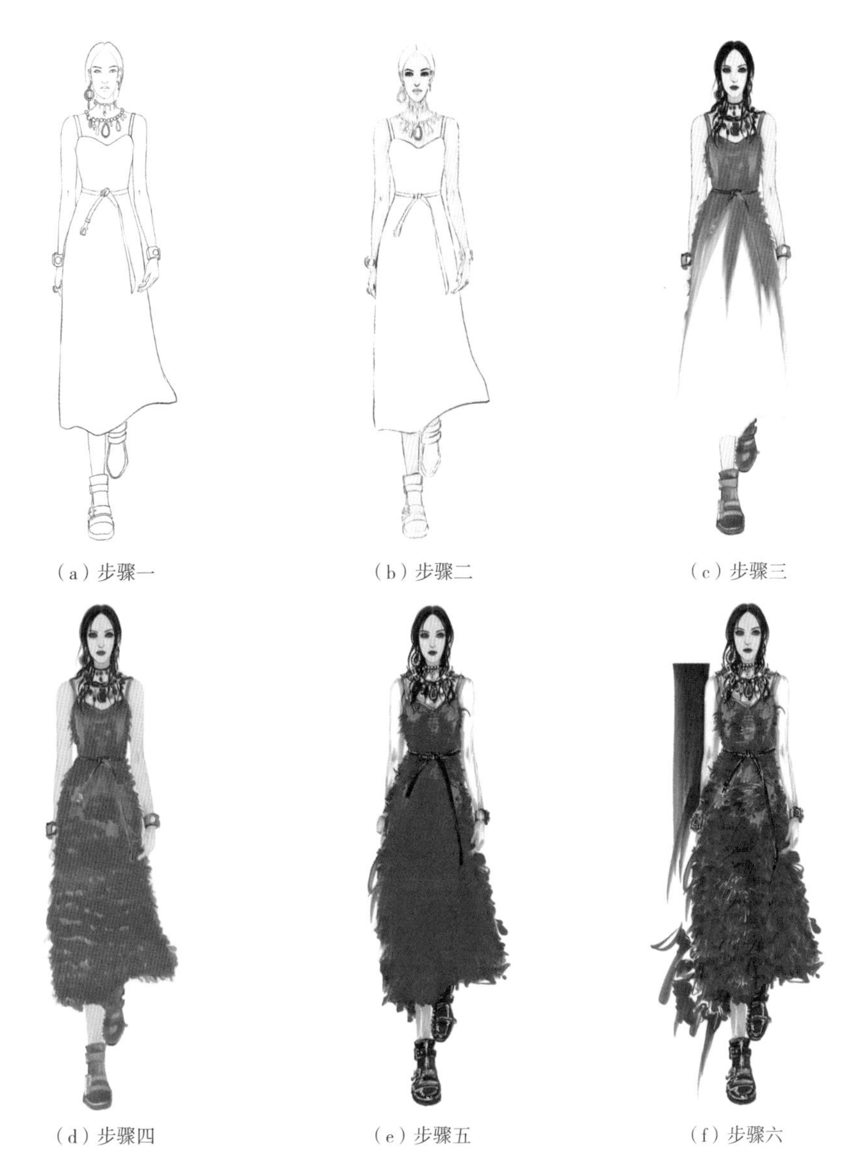

图4-8　马克笔效果图作品步骤（毛婉平作品）

（3）步骤三：使用肤色马克笔绘制填充面部和腿部的皮肤的颜色，再使用深一号的肤色勾画出五官、脸部投影及腿部的暗面等。深入刻画人物五官，使用勾线笔加深强调眼睛的深邃感，提升面部立体度，增强妆感。

（4）步骤四：用灰色马克笔沿着头发生长的方向填充头发，用黑色表现出头发的明暗关系。用橘色马克笔给服装铺层浅浅的底色，画出裙子的主要走向，注意马克笔的笔触方向要与衣服动态走向一致。

（5）步骤五：用深一号马克笔加深裙子面料花纹的肌理感和立体感，强化服装的结构，用浅灰色马克笔填充靴子，用深灰色加深靴子的暗面。

（6）步骤六：使用勾线笔对服装的内部结构以及人物等细节进行深入刻画，注意线条的虚实关系。加深裙子的明暗关系，以增强整体动态感和服装的立体感。绘制高光，使用白色高光笔依次勾画出头发、五官、服装以及靴子的亮面与反光，表现裙子的层叠感和层次关系，添加服装整体的灵动视觉效果。

二、电脑时装画的表现技法

如今正是数字技术高速发展的信息时代，电脑时装画绘画技术已经广泛发展和普遍应用于设计领域，并已逐渐被服装从业者和企业所认识、接受和推广。可以说，电脑也已经成为每位时装设计者不可或缺的表现工具。随着科技的发展，电脑在服装设计领域中的运用也将会更加丰富多彩。

电脑时装画表现工具与表现手法多样。例如，Photoshop软件所提供的画笔工具、铅笔工具、钢笔工具、模糊工具、涂抹工具、减淡/加深工具等能够对图像进行丰富的调整与变化。Procreate软件提供的毛笔、水彩笔、铅笔、马克笔、喷枪等多样化的表现工具可通过对不同参数的设置，表现出不同风格的视觉效果。

绘图软件还可绘制不同风格类型的图案花型与各种肌理效果的面料，并根据各类材质的特点进行逐步完善，进而表现出逼真的面料质感与细节。结合软件中的各种色彩模式，还可对时装画进行颜色选择，可以根据当季流行元素进行不同的色彩组合与搭配。电脑时装画的绘制具有高效、快捷的特点。可根据画面效果随时对明暗关系、色彩关系、位置大小关系进行调整。另外，还可随时保存与导出文件进行绘制。电脑时装画绘制过程中，可根据历史记录及时返回上一操作步骤进行修改与完善，也可对每一操作步骤进行图像信息储存，以确保文件的安全性与可靠性，如图4-9所示。

现今电子产品逐渐普及，很多绘图软件都可以绘制出手绘时装画所达到的效果，其功能很强大，使绘制时装画更加快捷方便。学习软件不是按部就班的记忆工具和命令，而是在了解软件主要特点的基础上，以需要达到的效果为目的入手，软件电子图像主要有矢量图和位图两种类型。矢量图也称为面向对象的图像、绘图图像或向量图，在计算机图形学中用点、直线或者多边形等基于数学方程的几何元素表示图像。矢量图的优点是放大、缩小或旋转都不变色、不模糊；缺点是难以表现出层次丰富逼真的图像效果。常用于图案、标志、文字等设计。常用的矢量图软件有Adobe Illustrator、CorelDRAW等软件。位图又称为点阵图像或绘制图像，是由称作像素（图片元素）的单个点组成的，这些点可以进行不同的排列和染色来构成图样。当放大位图时，可以看见赖以构成整个图像的无数单个方块。优点是可以表现层次丰富的逼真效果；缺点是扩大位图尺寸时会增大单个像素，使线条和形状显得参差不齐。

图4-9 电脑时装画（莫洁诗作品）

目前，使用较多的绘图软件主要有Photoshop、CorelDRAW、Adobe Illustrator、Painter等，它们都有各自的优点。Photoshop处理点阵图是比较强大的；CorelDRAW、Adobe Illustrator在矢量图的处理上更加方便快捷；Painter仿制各种的手绘效果非常强大，这些软件基本都可以运用到时装画的绘制中。运用绘图软件绘制时装画首要解决的是造型问题，但是绘图软件更多的是用于对色彩、材料质感、画面效果的处理，而人物的造型绘制起来步骤会比较烦琐，也比较呆板，可以先用手绘或数位板绘画等方法先绘制出时装画的线稿。通过扫描或数码相机转化成数码文件后，再导入软件中进行各种着色处理。

（一）输入线稿

线稿输入计算机最快捷的手段是运用电子绘图板，但前提是能够熟练使用电子绘图板，因为用电子传感器作画并不像直接在纸上绘制那么轻松、随意。在各种软件的使用中，也有将图像素材转化成线描造型的方法，但大多方法比较烦琐，而且比较死板，与手绘效果存在一定的差距。利用数码相机、扫描仪拍摄或扫描手绘线稿是比较便捷的，但是利用数码相机和扫描仪需要考虑线稿的质量问题，对数码相机拍摄的清晰度要求较高，对扫描仪扫描的分辨率要求也较高，最终获得的数码文件还要用软件进行处理。为了使时装画效果更理想，扫描时要保证扫描稿的图片质量能用于软件处理，扫描后的线稿再用Photoshop软件处理，如图4-10所示。

图4-10 输入线稿

（二）线稿上色

在线稿绘制完成后，继续运用Photeshop软件进行上色。首先确定时装画整体色彩的基调以及色彩搭配，通过套索、填充、吸管、画笔等工具对所需上色的服装区域进行填充，可以试验多组配色，最后得到想要的色彩搭配效果。值得注意的是，在设计系列中的色彩安排上不能平均分配，容易引起观者视觉上的审美疲劳，所以在上色时应把握好整体色彩比例，使得系列服装在统一中得到变化，也让时装画更具节奏感和美感，如图4-11所示。

图4-11 线稿上色

（三）填充面料

确定好最终配色后，还需要表现各种材质面料的效果，继而在时装画中增加服装的面料肌理，进一步提升整体的丰富度与完整性。绘制时可以运用滤镜、贴图、制作图案等方式强化时装画细节，突出服装特征和风格，如图4-12所示。

图4-12　填充面料

（四）增添艺术效果

背景是为了渲染画面的效果，可以根据款式确定色调，也可以选用一个主题图案，还可以选择其他合适的效果。其中，背景渲染是为了主体服务，不可喧宾夺主，需要突出主题，如图4-13所示。

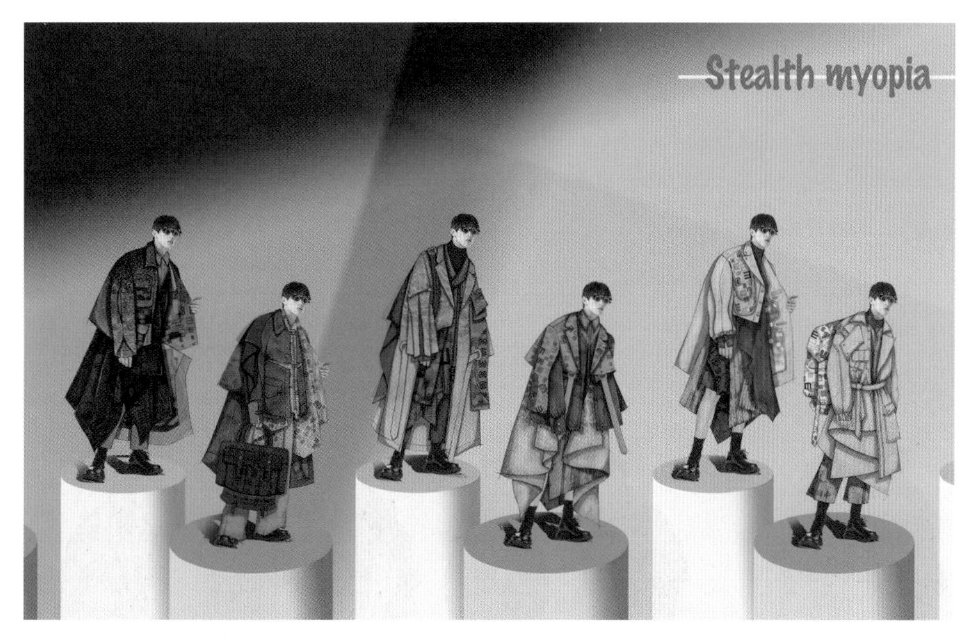

图4-13　增添艺术效果（翟嘉艺作品）

随着流行时尚的生活体验、传播媒介的快速发展、绘图软件的便捷操作，数据的可分析性的优点显得尤为突出，使得数码时装画被广泛采用。首先，在造型上，对于一些经典的服装廓型和款式，通过制作模板的形式进行多次拷贝使用，这样就可以将精力放在潮流图形的开发上，对于一款多色、多种面料的效果替换能更为便捷与直观。其次，在色彩上，数码色彩的调整更为便捷，能表现出比手绘更丰富的层次效果。另外，在面料的肌理上，对于流行面料的预测我们可以通过数码方法进行逼真效果的制作，而在时装画中也可以运用已有的面料数据资料进行肌理表现。

未来数码时装画的发展必将是多元化的，横向的发展方向将是手绘时装画、款式图等专业绘图工作向着数码时装画的方向转变，而纵向的发展将是二维时装画逐步向三维时装效果转变，时装画配合时装设计本身将以一种更节约时间、劳动力和成本的形式出现，同时以更为真实的人体着装效果将服装的面料、造型、款式表现得更为清楚。相信随着时代的发展，工业化生产要求的数码时装画的表现形式将以三维立体的形式出现在人们面前。

电脑的发明，尤其以彩色图形处理技术为基础的辅助设计软件的诞生，使设计师不用画笔和颜料就能实现自己的艺术构思，它的重要意义在于把设计师从烦琐的绘画工序中解脱出来，在较短时间内完成需花费很长时间完成的重复性劳动，节省更多的时间和精力，使之更快完成时装画的创作。同时，还能生发一些良好的创意思维及一定的造型能力。对绘画技法尚不十分娴熟的人，借助电脑进行艺术创作就成为现实可能。它成为我们表达设计思维的一种新型工具，展现了一个新的视觉天地。当然设计者应熟悉电脑及软件操作的技巧，多加使用，才能熟练掌握这一现代化的工具，充分享受数字科技带来的美好感受。用电脑进行服装设计需要借助相应的设计软件，设计软件有两大类，一类是平面设计通用的软件，如Photoshop、Painter、Coreldraw等；另一类是专业化的3D立体软件，如CLO3D、Style3D等。就时装画绘制这部分功能来看，两类软件有相类似的功能，一般可根据需要选择适合的软件，有时还需综合各类软件的特点共同完成设计作品的创作，如图4-14所示。

图4-14 电脑时装画（岳满作品）

但特别值得一提的是，无论电脑功能怎样强大也只能是辅助设计的一种手段，代替不了人脑，它绝不能代替人的创意思维，不能代替基础训练。电脑绘画虽然也能模仿不同的绘画技法，更能胜任规律性强、重复量大的工作，在效率上胜过手绘，但绝不可能完全代替手绘。绘画性强、技法繁杂的设计仍需要手工绘画，在设计中应根据具体情况灵活地使用不同的方法。一幅好的作品需要的不仅是技术，更主要的是新颖的构思与色彩感觉，对于设计者来说这是决定性的因素。设计者使用电脑做服装设计，除掌握电脑软件的使用外，更重要的是要对服装结构有所了解，提高造型能力，熟练掌握手绘技法，只有这样才能真正发挥电脑的功效，做好设计。

第二节　综合表现技法

综合表现技法是指在同一幅画中，运用多种绘画工具和多种表现方法来表现时装及画面的总体效果，只要画面效果好，技法的选择是不受限制的。运用这一技法对服装设计师的绘画基本功要求较高，只要做到心中有数，就能充分地预见最后的效果。在绘画过程中要考虑到布局合理，主题明确，摆脱程式化画法的束缚，创作出有个性、有特色、有创意的效果图。

一、拼贴时装画的表现技法

“拼贴（Collage）”一词最早起源于法语，由“粘贴”衍生而来，是“贴”的意思。在时装画里，拼贴最初是将平面元素如纸张、壁纸、印刷文本、报纸或照片等，与三维元素或“素材”相拼贴，而形成一门插画或设计艺术。拼贴艺术家们大多会广纳各种材料，如缝线、纱线、纽扣、织布、木材、羽毛或金属丝等等任何零碎边角料都可为他们所用。

在时装设计中，“拼贴”一词最早意为粘贴，拼贴亦被称为“混合媒介”，是一种用混合材质进行艺术创作的手法，所用的材料大多不受限制，如用织带、照片、面料、线、花草、纽扣及纸张等物品来补充或替代绘画步骤。使用拼贴和混合媒介技术所创作出来的时装作品具有很强的视觉吸引力，它允许绘画者抛开传统的工具和材料，选择更灵活多样的工具和材料，具有较为立体的效果，富有质感，因此广受人们的喜爱和欢迎。人们会通过结合传统时装绘画手法与不断创新的时尚概念，运用拼贴技术和混合媒介创作出打破常规概念的、具有丰富内涵与抽象想象的时装画作品。

不过，直到数字技术飞跃后，多材料拼贴新技术才得以发展。拼贴艺术和集合艺术可在扫描后通过电脑进行操作。传统的拼贴一般运用手工剪贴的方式进行制作，如今越来越多的时装画家开始使用数字功能，如用Photoshop软件，来进行拼贴。可以说随着科学技术的发展使拼贴的效果和素材更为丰富多变，这也使得时装画的表现范围得到更大的延伸。现在，插画师用电脑软件将不同材料用于插画中，再将作品进行平面化处理，使得时装画的表现形式得到了极大的扩展，艺术表现力也在不断提高。

其中使用较为广泛的是剪贴表现法。就是直接用面料、有花纹的画报纸、树叶、花卉、草茎等各种材料，根据设计意图进行剪贴。巧妙地利用花纹和质地进行拼贴，可以创作出丰富多彩、奇特新颖的时装画，既便捷，效果又好，可达到一些意想不到的效果，如图4-15、图4-16所示。

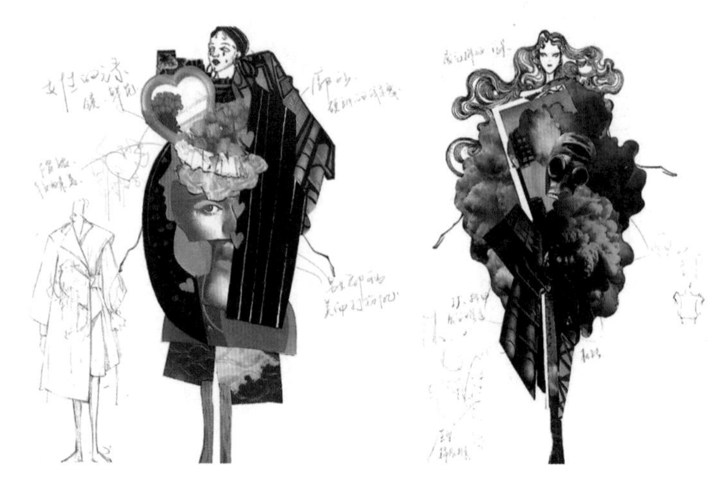

图4-15　剪贴画一（李慧慧作品）

图4-16　剪贴画二（李慧慧作品）

二、综合媒介时装画的表现技法

在绘制时装画时，为更好地展现服装的效果，经常会用水彩、马克笔、彩铅等同时进行作画。水彩以其丰富的颜色，能表现出任何颜色的面料；马克笔上色的简易快捷性，对于需要大面积上色的体块非常方便；彩铅在使用的时候很方便，也很容易修改，用深色就能覆盖住浅色，可以用来刻画服装中的细节部分。为了表现一些特殊的服装效果，人们常常综合使用两种或两种以上技法，这样不仅能表现服装各部分所特有的肌理效果，还能丰富时装画的表现形式和艺术语言。常用的综合表现方法有彩色铅笔水彩法、素描淡彩法、线描淡彩法、钢笔水彩法、油画棒水粉法。

（一）水彩与彩铅表现技法

水彩在表现时色彩丰富，而彩铅的颜色并没有水彩颜色丰富，但彩铅在运用的时候比水彩方便，所以将这两者的特征结合起来，能够很好地表现出服装的效果图，如图4-17所示。

（二）马克笔与水彩表现技法

马克笔色彩丰富、笔触略粗，可以刻画大面积面料和表现物体的立体感。对于较为细小的细节，用马克笔表现较困难，这时可利用水彩来表现物体的细节。而水彩与水的结合，可以调和出各种颜色，利用水彩的此类特征，也很容易表现出物体的明暗关系，如图4-18所示。

（三）马克笔与彩铅表现技法

马克笔和彩铅在携带时非常方便，前面已经讲过马克笔和彩铅的特征，所以可以运用其各自的特征综合表现时装画，如用马克笔对大片面料进行上色，用彩铅刻画服装的细节部分，如图4-19所示。

图4-17　水彩与彩铅表现技法（辛喆作品）

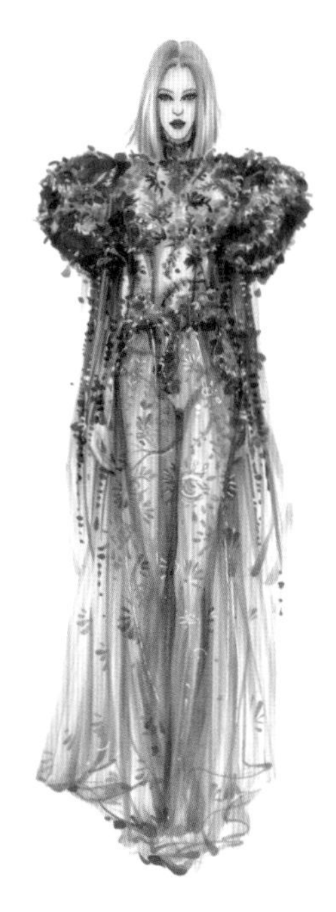

图4-18　马克笔与水彩表现技法（毛婉平作品）

图4-19　马克笔与彩铅表现技法（辛喆作品）

本章小结

在本章节中，主要介绍了不同绘画媒介中几种常用的绘画工具和表现技法，包括手绘时装画技法中水彩表现技法、彩铅表现技法、马克笔表现技法和电脑时装画表现技法。在创作一幅时装画时可以只采用一种绘图工具，也可以综合运用几种技法。电脑时装画表现技法中以完整的时装画绘图流程为主线，运用在案例分析中，将绘制过程分为绘制线稿、线稿上色、填充面料、增添艺术效果四个步骤，可更直观地了解到电脑时装画的变化与绘制方法，这也是对Photoshop的一个探索过程。综合表现技法中包含拼贴时装画表现技法和综合媒介时装画，其中拼贴表现技法是打破传统绘画工具束缚的新方式，更加适合设计思维的锻炼。

思考题

1. 手绘时装画中不同表现技法的特征是什么?
2. 时装画的基本步骤是什么?
3. 绘制时装画时需要注意什么?

作业

1. 运用水彩、彩铅、马克笔三种手绘表现技法分别绘制一幅时装画。
2. 运用电脑表现技法绘制一幅时装画。
3. 运用综合表现技法绘制两幅时装画。

第五章
时装画的配色艺术

课程名称：时装画的配色艺术

课题内容：学习色彩的基础知识并了解时装画的色彩表现

课题时间：10课时

教学目的：在学生了解色彩的基础知识后，深入学习时装画色系和色调的表现及色彩的搭配，为绘制完整的时装画打下基础。

教学方式：教师示范授课，学生课堂临摹练习并尝试写生。

教学要求：1. 了解色彩的理论基础、使用法则和视觉效果。
2. 发现时装画中不同色系、色调表现的特征与区别。
3. 熟练掌握时装画的色彩搭配。

课前（课后）准备：准备上课时需要用到的绘画工具，搜集不同大师的时装画作品以及各大服装品牌的经典与流行服饰图，从中积累时装的色彩搭配美学。

当人们在欣赏服装时，首先能抓住大众视线的是服装色彩，之后才是服装的款式和造型，这体现了色彩的重要性。时装画中色彩的形状、面积和位置都是影响服装色彩设计的重要因素。不同的服装色彩能表达出不同的视觉效果与心理情感，例如，使用红色系与橙色系进行搭配可以呈现活跃、热情的感觉；使用黑色系与白色系进行搭配可以呈现干练、典雅的感觉；使用蓝色系与绿色系进行搭配可以呈现忧郁、静谧的感觉；使用黄色系与粉色系进行搭配可以呈现明亮、温暖的感觉。因此，设计师进行服装色彩设计时需要根据不同的穿着对象、场合等要素对色彩进行综合考虑与搭配设计，并且色彩搭配设计要与服装整体所传达的情感保持协调一致，不仅给人带来视觉上的享受同时还能提升心理上的愉悦感。

时装画色彩有着时代性、象征性、流动性、审美性、功能性、季节性、宗教性等自带属性，比如每一个时代都有自己的主流色彩，时装画的色彩也跟随时代的改变而不断发生变化。国内外关于服装色彩的研究广泛，已经跨越了设计美学、心理学、社会学等多个学科，其中服装的色彩设计也是一门繁杂多样的学问。因此，设计师在绘制时装画的配色时，更需要注重对色彩基础知识的掌握和熟练的运用。本章将从色彩的基础知识、时装画的色彩表现与时装画的配色鉴赏三个小节进行知识梳理，并结合具体案例讲解，使读者更好地理解时装画的配色艺术。

第一节　色彩的基础知识

构成服装最基本的三要素分别是色彩、款式和面料，其中色彩是首要因素，它总能先入为主地进入大众的视野中。服装色彩的构成有三种属性，第一种是实用性，为了保护身体并能更好地抵御自然界的侵袭；第二种是装饰性，除了本身的色彩装饰作用，还能结合不同的图案进行色彩创新搭配，碰撞出独特的装饰效果；第三是社会性，穿着不同色彩的服装能一定程度表达出穿着者的社会属性，也能分辨出许多穿着者的性别、年龄、性格及职业。

用色彩对自身进行装饰本就是人类最原始的能力。从古至今，色彩在服饰审美中都有着举足轻重的作用，色彩能够直观地反映人类情感，如在中国传统的观念和习俗中，红色有着吉祥幸福的寓意和开心愉悦的情感，因此在婚宴中会使用大量红色进行布置，新人也会穿着红色的服装举办婚礼。在现代社会中，色彩心理效应的研究已不局限于少数心理学家、艺术家的范围，随着行业竞争的发展，其也越来越受到服装设计师的关注和研究。

一、理论基础

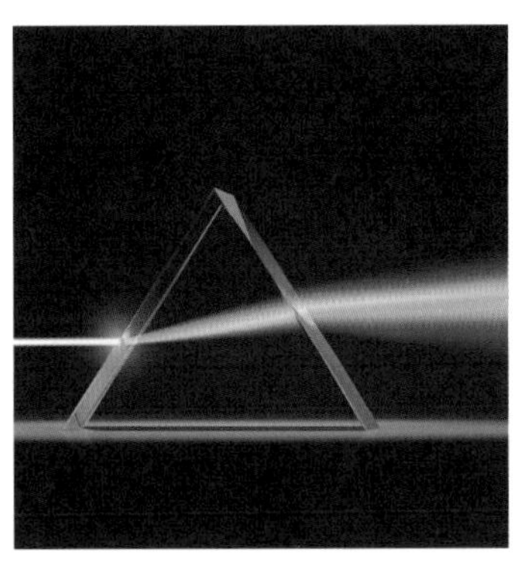

图5-1　三棱镜折射

时装画的色彩除了能为画面增添生动的艺术感染力，还能给观者带来更整体与直观的视觉效果。熟知色彩的基础知识有助于设计师为时装画着色时，搭配出更具有美感的时装画。色彩是通过光对物体的照射吸收和反射后所产生的，英国物理学家牛顿在17世纪时，使用日光在三棱镜中照射并分解出七种单色，如图5-1所示，按照波长从长到短排序分别是红、橙、黄、绿、蓝、靛、紫。由于每种颜色都具有不同的波长，不同的物品能吸收和反射不同波长的光，因此会在人眼中形成不同的色彩感受，呈现出丰富多样的色彩变化。例如，玫瑰会呈现出红色，是因为它只反射红色光，其余颜色的光均被吸收。如果物品呈现出白色说明它反射所有光，而物品呈现出黑色则说明它吸收所有光。

（一）色彩的构成

色彩通常可以被划分为有彩色系和无彩色系两大类。有彩色系包括红色、橙色、黄色、绿色、蓝色、紫色等带颜色的色彩，而无彩色系包括黑色、白色、灰色、金色和银色。

（二）色彩的三要素

色彩由色相、明度、纯度三大基本要素构成。

1. 色相

色相是指色彩的相貌，如大红、靛蓝、土黄等。色相是颜色相互间区别最重要的特征。

2. 明度

明度是指色彩明暗变化的属性。在无彩色系中，白色明度最高，黑色明度最低，在白、黑之间存在着一系列的灰色；有彩色系中，任何一种颜色都有其一系列明度变化特征，常通过添加黑色或白色调节明度变化。

3. 纯度

纯度又称彩度、饱和度，是指色彩的纯净程度。纯度越高色彩感越艳丽，纯度越低色彩感越深暗。在色彩范围内，绝大部分是含灰的色彩，只因有了纯度的细微变化，色彩性格才会显得丰富。色彩的纯度一般可以通过添加无彩色或其他间色、复色来调节，如图5-2所示。

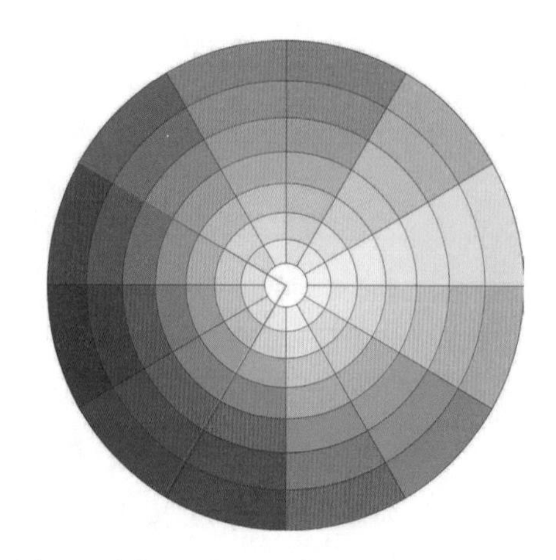

图5-2 色相环

（三）色彩的分类

三原色是指红、黄、蓝色，这三种颜色不能由其他颜色调和得到。间色是指通过两种原色调和后产生的色彩，例如，红加黄调合成橙色，黄和蓝调合成绿色。复色是指间色与原色或间色与间色之间的调和色，例如橙加蓝调合成黄绿色，绿加红调合成深灰色，如图5-3所示。

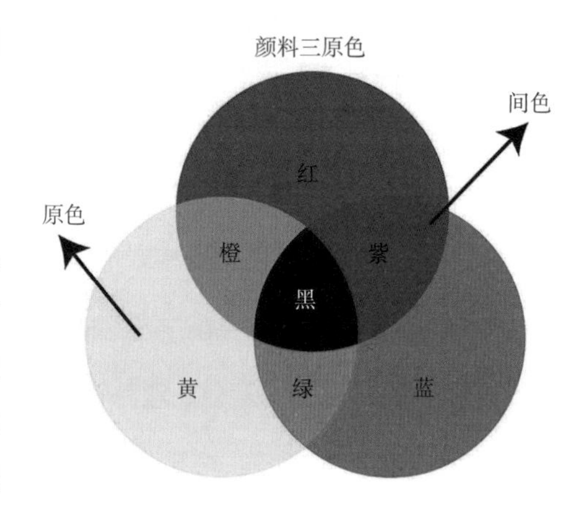

图5-3 色彩的分类

（四）色调

色调是一种色彩结构的整体印象，是对视觉效果的整体把握。一般分为暖色调、冷色调、对比色调等，如图5-4所示。

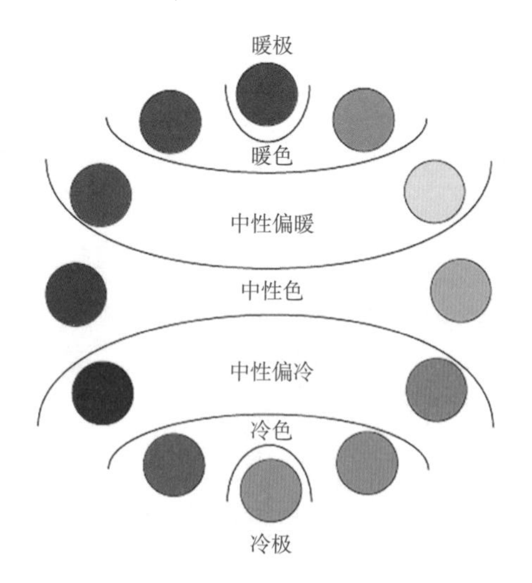

图5-4 色调

（五）色彩的心理与情感

色彩具有极其微妙的变化特点，并且由个人的经验、思想和社会风俗、自然界的客观规律相互作用下形成的特有性格倾向与情感暗示心理。色彩具有可识别、前进和后退、膨胀与收缩、温暖与寒冷、华丽和朴素、兴奋和沉静等视觉特点，这些视觉特点是心理现象的反映，具有共性的特征，能够更好地帮助我们诠释作品内涵与美感，如图5-5所示。

红色是一种醒目的色彩。让人联想到火焰、太阳、红旗、玫瑰、桃子、红豆等事物，给人以温暖、火热、力量、兴奋等感觉。

橙色是非常明亮的色彩。让人联想到果实、秋天、土壤等事物，给人以富足、幸福、活泼、稳重等感觉。

黄色是最灿烂的色彩。让人联想到月亮、向日葵、油菜花、柠檬等事物，给人以喜悦、智慧、财富、朝气、高雅等感觉。

绿色是最具亲和力的色彩。让人联想到春天、森林、树叶、草原等事物，给人以生命、希望、单纯、

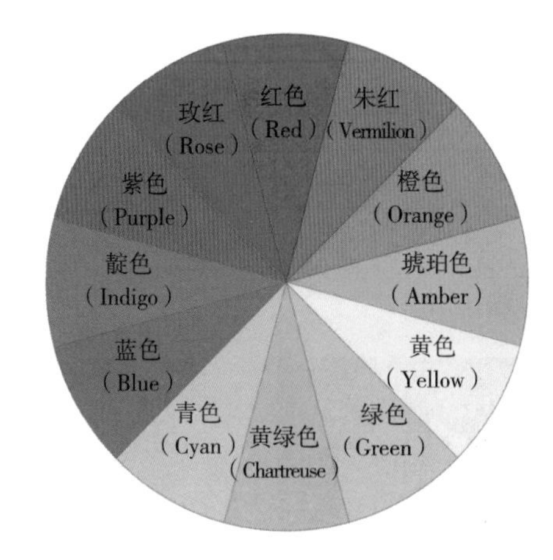

图5-5　色彩心理

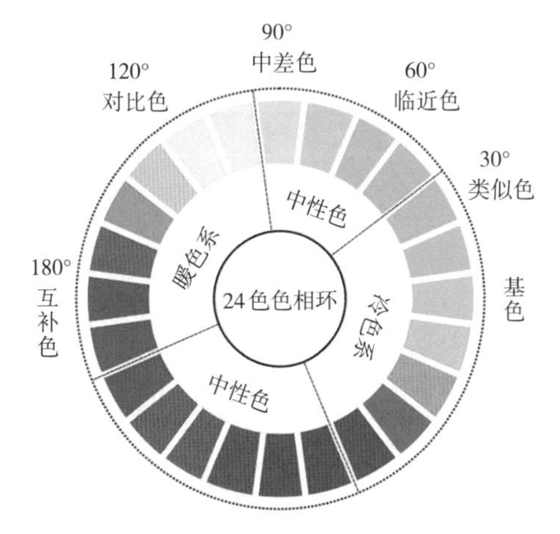

图5-6　色彩分类

年轻、安宁、安全、平和、放松等感觉。

蓝色是最具纯净的色彩。让人联想到海洋、天空、水滴、宇宙等事物，给人以博大、永恒、美丽、理智、安详、诚实、忠诚、冷峻等感觉。

紫色是一种神秘的色彩。让人联想到贝壳、紫罗兰、葡萄、薰衣草等事物，给人以高贵、美丽、神秘、虔诚、鼓舞等感觉。

褐色是原始朴素的色彩。让人联想到咖啡、泥土、木材等事物，给人以古典、优雅、怀旧等感觉。

白色是最纯净的色彩。让人联想到牛奶、云朵、纸张、婚礼、医院等事物，给人以纯粹、坦诚、寒冷、严峻、天真等感觉。

黑色是最深暗的色彩。让人联想到夜晚、墨汁、眼睛等事物，给人以高贵、稳重等感觉。

二、使用法则

色彩的调和是指两种或多种颜色能协调地组合在一起，使人产生愉快、舒适的感觉。色彩的调和有因人、因时、因地而异的因素。色彩调和为服装色彩设计提供了依据，如图5-6所示。

（一）同一调和

同一调和的色彩极其相近，拥有许多共同因素。在进行服装配色时，只要善于运用这些共同因素，就很容易调和。同一调和具有单纯、文静、优雅的特点，但也容易给人以单调、呆板的感觉，因此，可通过明度的变化来调节服装配色的效果，或点缀以对比色、补色。

（二）类似调和

类似调和的色彩间有一定的共同因素，即靠这些共同因素来产生调和作用。与同一调和相比，类似调和的服装色彩组合更富于变化。若配合明度和纯度的变化，就会产生生动、活泼、有朝气的服装配色效果，使服装色彩有丰富感。

（三）对比调和

对比调和的色彩色相差较大，必须采用“阴阳性原理”来调和，如一色的明度高，另一色的明度低。纯度、面积及其他事项也一样，应一大一小、一强一弱使用。对比调和要特别注意主色与配色的关系，同时也可以增加纯度和明度的共性，以色调的统一来促进调和。

三、视觉效果

（一）生理视觉效果

1. 色彩错觉

同一种形与色的物体处于不同的位置或环境，会使人产生不同的视觉变化，这种现象称为错觉，色彩的错觉是其中之一。在服装设计中，常利用冷色、暗色、小花型弥补胖体型，以暖色、亮色及大而艳的花形弥补消瘦体型。色彩错觉是服装色彩设计常用的手法，如图5-7所示。

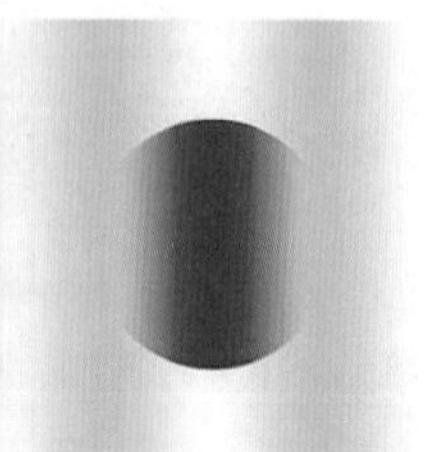

图5-7 色彩错觉

2. 对比现象

人眼同时受到不同色彩刺激时，色彩感觉会发生互相排斥的现象，这是一种对比现象。同一灰色在黑底色上发亮，在白底色上变暗；红与绿同时对比，则红色更红，绿色更绿。观察一种色彩后，接着又看另一种色彩，第二个色彩会发生视觉效果的改变，这是另一种对比现象，如图5-8所示。

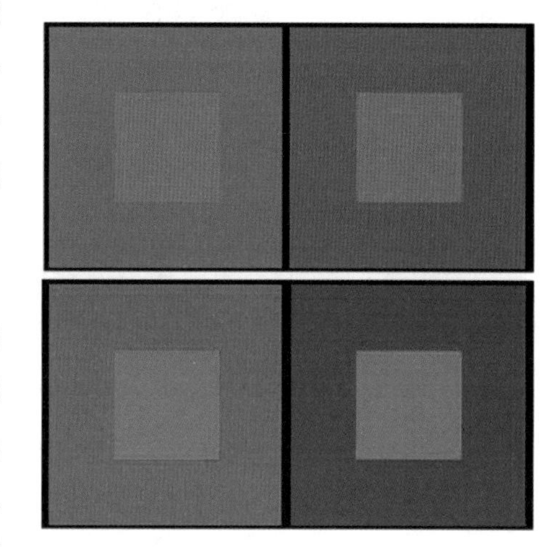

图5-8 色彩对比

3. 色彩的前进与后退

各种光波在视网膜上成像有前后现象，如红色、橙色等光波长的颜色，在视网膜上形成内侧映像，蓝色、紫色等光波短的颜色，在视网膜上形成外侧映像，从而造成暖色前进，冷色后退的视觉效果，这也是视错觉现象。一般情况下，暖色、亮色、纯色、强对比色有前进感；冷色、浊色、暗色、调和色有后退感，如图5-9所示。

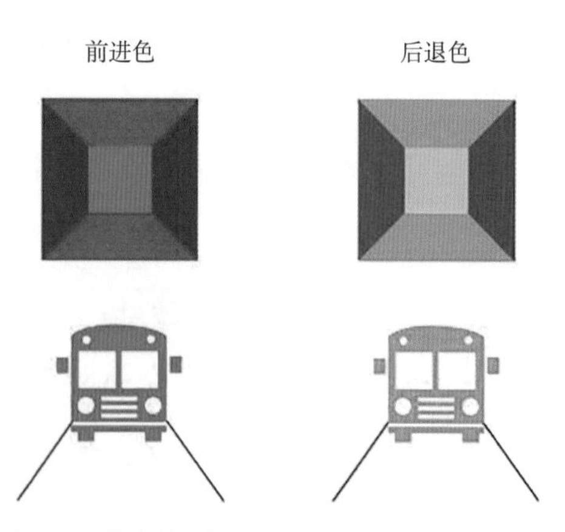

图5-9 色彩前进与后退

4. 色彩的膨胀与收缩

光波较长的暖色成像位置在视网膜后方，具有扩散性；光波较短的冷色成像位置在视网膜前方，具有收缩性。此外，亮色、高纯度色有膨胀感；反之，有收缩感，如图5-10所示。

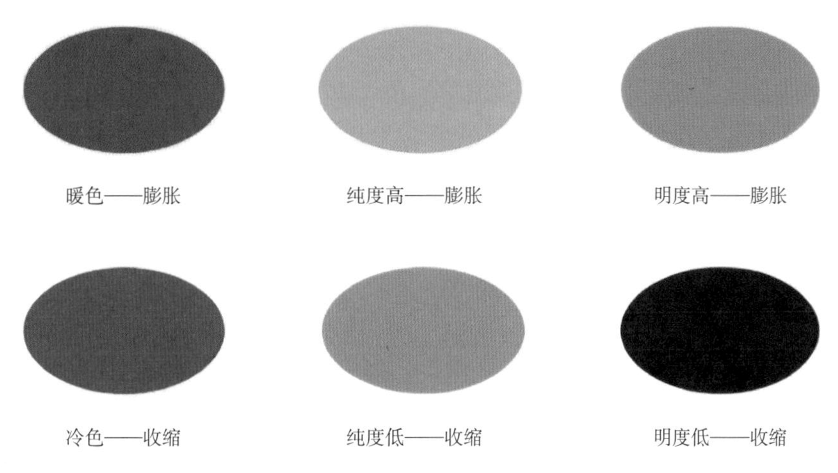

图5-10　色彩的膨胀与收缩

5. 色彩的视觉平衡

自然界的色彩刺激人的视觉器官产生色彩的感觉，使大脑中枢产生色彩的生理平衡需求。人的视觉器官对色彩有协调舒适的要求，满足这些色彩平衡的原则，才能使得我们的色彩视觉生理平衡，如图5-11所示。

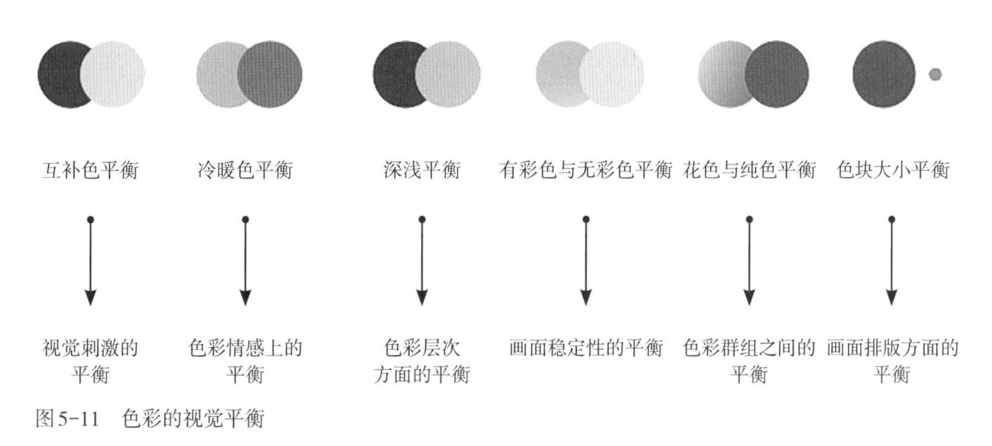

图5-11　色彩的视觉平衡

（二）心理视觉效果

1. 色彩的冷暖

色彩作用于视觉引起人们对冷暖的心理感受，如红、橙等颜色使人联想到火、太阳，有暖感；蓝、白等颜色使人联想到雪、天空，有冷感。在色相环中，橙色最暖，蓝色最冷。在无彩色中，黑色偏暖，白色偏冷。

2. 色彩的兴奋和沉静

纯度对色彩的兴奋感和纯净感影响最大，其次为色相和明度。高纯度色、暖色和亮色使人兴奋，有激情。反之，使人平静。

3. 色彩的明快和忧郁

明亮而鲜艳的色彩呈明快感；深暗而浑浊的颜色呈忧郁感。

4. 色彩的华丽和质朴

纯度对色彩的华丽或质朴感影响最大，其次是明度和色相。色彩丰富、鲜艳和明亮的色彩呈华丽感；单纯、浑浊而灰暗的色彩呈质朴感。此外，强对比色具有华丽感，弱对比色呈质朴感。光泽色的加入，一般都能取得华丽的效果。

5. 色彩的轻重感

同样的物体会因色彩的不同而有轻重的感觉，这种感觉主要来自色彩的明度。明度高的色彩有轻感，反之有重感。此外，蓝天、白云等相联系的色彩有轻感，黑色给人感觉最沉重。不过，服装色彩有其特殊性，比如同样的黑色，在皮革或毛呢上，给人以重感；而如果是黑色薄纱，则仍然具有轻盈感，如图5-12所示。

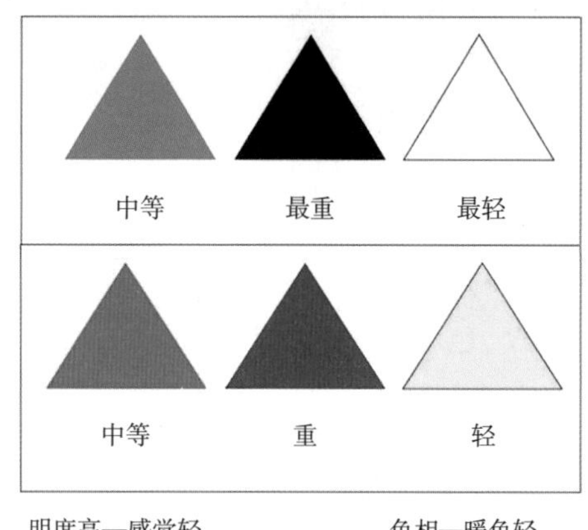

图5-12　色彩的轻重感

6. 色彩的活泼和庄重感

暖色、高纯度色、强对比色、多彩的颜色显得跳跃、活泼；而冷色、暗色、灰色给人以严肃、庄重感。黑色给人以压抑感，灰色呈中性，而白色显活泼。

7. 色彩的软硬感

色彩的软硬感与明度关系密切。低明度有硬感，中明度呈中性感，高明度呈软感。但白色的软感减弱，硬感加强。此外，中纯度色呈软感；高纯度色和低纯度色呈硬感。

第二节　时装画的色彩表现

色彩能引起人们的审美愉悦和情感共鸣。色彩可以传达故事性，深沉的色彩会营造神秘的感觉，柔和的色彩可以营造甜蜜、温暖的氛围。在绘制时装画时，色彩的搭配非常重要，但也应尤为注重色系的运用，不同的色系表现会带给人以不同的生理和心理感受，因此在时装画的色彩运用中也需要加强练习。

一、色系的表现

（一）红色系

红色是所有可见光中波长最长的、具有较强视觉扩张感和冲击力的色彩。红色容易使人联想到太阳、火焰、鲜血和生命，它给人的感觉是艳丽、热情、喜悦、活泼、酷热、刺激、兴奋、激动，红色可以象征火、热、能量、温暖、喜庆、吉祥、爱情、革命、勇敢、忠诚等。中国的传统代表色便是红色，从周代开始就奠定了崇尚红色的基础，逐渐形成崇尚红色的习俗。红色被认为象征幸福、吉祥和幸运。纯正的大红色最能体现红色的性格，当纯度、明度发生变化时，其审美特征也随之发生微妙的变化。朱红偏黄，比大红更温暖；玫瑰红显得浪漫；深紫红显得稳重、成熟。红色与无彩系的黑、白、灰相配都很协调。与色相环上临近的色相配也较容易，尤其与明度高的临近色搭配，能促使该色活跃。红色与强烈对比的蓝绿、绿色等色如果搭配得当，会很出彩，但要注意面积的对比变化以及明度、纯度的调节等，如图5-13、图5-14所示。

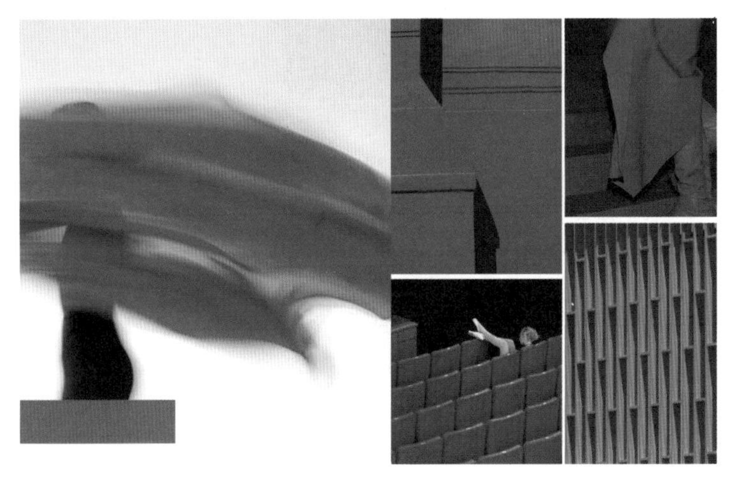

图5-13 红色系服装流行趋势（图片来源：POP FASHION网站）

图5-14 红色系时装画色彩表现（辛喆作品）

（二）紫色系

紫色的可见光波最短，在色相环上，它是最暗的颜色。紫色，是高贵神秘的颜色，略带忧郁，蕴含诗意，代表着幽婉、浪漫、梦幻，是让人不忍忘记的色彩。在色相环中，紫色位于红和蓝之间，它本身兼有红和蓝的特点，是奔放和冷静的结合。因此，这个颜色充满着神秘不易探知的复杂情调。从一个画家的角度来说，紫色是最难调配的一种颜色，有无数种明暗和色调可以选择，也说明紫色色域宽广，红紫、蓝紫、深紫、浅紫，每种紫色都给人以不同的感觉。红紫色呈暖调，蓝紫色呈冷调。紫色可以容纳许多淡化的层次，一个暗的纯紫色只要加入少量白色，就会成为一种十分优美、柔和的色彩。随着白色的不断加入，也就不断地产生出多层次的淡紫色，而每一层次的淡紫色，都很柔美、动人。在西方，紫色一直是高贵的象征，这或许因为自然界中紫色最少以及紫色染料价格昂贵的缘故吧。在古罗马时代，紫色是皇族的服装用色。紫色具有矛盾情感，既代表高贵，又能表示妖艳、性感。所以在设计应用中，要注意整体风格情调的把握。紫色与绿色的搭配醒目鲜艳；与明亮的粉红组合可突出女性的韵味；紫色与不同明度的灰色搭配，较适合亚洲人的肤色，不过皮肤偏黄的人可避免直接穿着紫色服装，如图5-15、图5-16所示。

图5-15　紫色系服装流行趋势（图片来源：POP FASHION网站）

图5-16　紫色系时装画色彩表现（辛喆作品）

（三）蓝色系

蓝色波长较短，反射角较大，于天亮时首先出现，日落时最先消失。所以，蓝色是光明的前奏，是希望的象征。蓝色是最寒冷的色彩，代表了沉静、理智。蓝色最容易让人联想到天空、大海，给人宁静、悠远、宽广的感觉。在西方，“蓝的血”指非劳动阶层的名门，即贵族血统。中国是爱用蓝色的国家，蓝色的应用有青花瓷、蓝印花布、靛蓝蜡染等。蓝色可以说是世界上最普通、应用最广的颜色。历史悠久的牛仔服装更为蓝色家族注入经典不衰的时尚韵味。能表达蓝色的词语有理智、博大、独立、庄重、悠远、希望、理想、诚实、高尚、神秘、典雅、朴素、沉静等。蓝色经常和海军、航海、航空等制服以及职业服联系在一起。鲜蓝色具有年轻、运动感；深蓝、藏蓝色表示成熟、稳重，是服装的常用色。低明度的蓝色不宜与暗色系搭配，色调容易沉闷；蓝色与白色效果明快清晰；蓝色与浅紫色搭配给人以微妙的感觉；与红色搭配显得妩媚、鲜活；与橙色、黄色搭配，显得活泼、艳丽，如图5-17、图5-18所示。

图5-17　蓝色系服装流行趋势（图片来源：POP FASHION网站）

图5-18　蓝色系时装画色彩表现（赵佳妮作品）

（四）粉红色系

粉红色是一种由红色和白色混合而成的颜色，通常也被描述成为淡红色，但更准确的是不饱和的亮红色。它不像红色那么热情奔放，而是比较含蓄、柔情。粉红色通常与女人气质相联系，粉色是显露女性甜美、浪漫的色彩，它象征幸福、甜蜜、浪漫、健康、温柔、少女、母爱。在中国传统文化中，粉红色也经常被用来形容女子姣好的容颜。对于东方女性，粉红的肤色是最理想的。《女士家庭周刊》1918年曾发表说粉红色的寓意是“更坚决和强壮”。粉红色与黑、白、灰相配都很协调，这是因为粉红色柔和的性格具有广泛的调和性。另外，粉红同偏红的黄、偏蓝的绿、蓝、深紫、深红相配，都能取得协调的效果，如图5-19、图5-20所示。

图5-19　粉红色系服装流行趋势（图片来源：POP FASHION网站）

图5-20　粉红色系时装画色彩表现（刘目琳作品）

（五）褐色系

褐色是中间色，给人温文尔雅、不哗众取宠的印象。它看似貌不惊人，但在服装上应用广泛，是一种惹人喜爱、时尚的色彩。从红褐色到黄褐色，以及赭石、棕色、咖啡色等，褐色调有着丰富的色彩层次。褐色调容易使人联想到秋天，显得丰富、谦逊，也让人联想到大自然，如土地、岩石、沙漠以及动物毛皮、某些食物等。褐色给人以原始、自然、肥沃、成熟、古旧、浑厚、稳定、谦逊、寂寞的感觉。由于明度低，褐色的性格不那么强烈，所以和许多色彩能形成很好的调和，特别是与纯色相配，可以发挥出新鲜魅力。最易与褐色相配的是米色、黄色，它们能形成一组协调的色调。同样，因为褐色色调较暗，为打破其暗淡、沉闷的一面，在单独使用时，除注意明度外更要注重面料质感。暗褐色的色感较重，不宜与黑色、深蓝色搭配，否则易产生呆板感，如加入一些亮色则会取得较好效果，如图5-21、图5-22所示。

图5-21 褐色系服装流行趋势（图片来源：POP FASHION网站）

图5-22 褐色系时装画色彩表现（范一琳作品）

（六）绿色系

绿色，常常被人们用来比喻生命力以及对自然的渴望。在光谱中，绿色的波长居中，温和婉约。大自然中除了天和海，绿色所占面积最大。绿色大部分是植物的颜色，包括森林、草地、青苔等，是大自然最基本的色彩。绿色是人们寻求宁静、安逸的最佳色彩，它能迎合人们回归大自然的心态。绿色具有消除疲劳的功能，在现代生活中广泛用于色彩调节。绿色象征着生命、自然、成长、希望、神奇、清新、安逸、宁静、信心、繁茂、青春、和平。绿色设计常用于生态、环保、回归自然的主题。绿色橄榄枝被作为和平的象征物。绿色也是世界军装的基本色，是保护色，也可显示力量感。嫩绿、黄绿色是初春的颜色；蓝绿色艳丽而清秀；深海青绿色深远、沉着；粉绿色静谧、轻盈；松石绿既端庄又活泼；橄榄绿、青苔绿、青铜绿显得知性；深绿色则代表成熟。绿色与黑、白无彩色搭配效果较好。绿色与浅色调相配给人以凉爽感；与黄色搭配则充满生机。明度较低的含灰绿色易于搭配，格调较高，如图5-23、图5-24所示。

图5-23　绿色系服装流行趋势（图片来源：POP FASHION网站）

图5-24　绿色系时装画色彩表现（毛婉平作品）

（七）黄色系

黄色是最接近太阳光的颜色，黄色有着太阳般的光辉，是光明的象征。黄色也是大地之色，是秋天成熟的意象。在所有色彩中，黄色是最光辉、最耀眼的色彩。在色相环中，它的明度最高。它给人温暖、明快、灿烂、辉煌的感觉，象征光明、希望、华贵、华丽、能量智慧、丰收、财富、欢乐、活泼。在中国传统用色中，黄色是除了佛教，唯有历代帝王专用的色彩，黄色成为皇权的象征。淡黄色给人以清新、明快之感；浅黄色给人以浪漫、娇嫩之感；亮丽的明黄色富有动感和活力；深一些的黄色是庄严、高贵的象征。黄色与白色搭配有运动感；暖黄色适合搭配冷色及中性色系，如淡紫、亮灰、浅绿、棕色等，尤其黄色与褐色系列搭配一般都会取得不错效果。黄色与其他色相配搭，易受其他色影响，使情绪变化无常，性格很不稳定。而低纯度的稻黄和低明度的芥末黄，性格比较稳定，如图5-25、图5-26所示。

（八）橙色系

橙色介于红色和黄色之间，又称橘色。橙色比红色明度高，比黄色热烈，是欢快活泼的光辉色彩，是暖色系中最温暖的颜色。它给人的审美感觉有温暖、明亮、辉煌、华美、兴奋、愉快、富丽、热烈等，象征着快乐、健康、夸张、激情、自由。橙色兼具热烈和明快，使它富有华丽感，具有戏剧色彩。橙色的热烈不像红色那样激情奔放，它的欢快也不同于黄色的明亮炫目，而是介于两者之间，给人以温情的感受。橙色使人联想到金色的秋天，丰硕的果实，因此，它是能够引起人食欲的色彩，是一种富足、快乐而幸福的颜色。橙色在空气中的穿透力仅次于红色，而色感较红色更暖，最鲜明的橙色应该是色彩中感受最暖的颜色，能给人庄严、尊贵、神秘等感觉。历史上许多权贵和宗教界都用橙色装点自己，现代社会往往作为标志色和宣传色。不过也是容易造成视觉疲劳的颜色。橙色稍稍混入黑色，会变成一种稳重、含蓄又明快的暖色，但混入较多黑色，就成为一种烧焦的颜色；橙色与白色搭配，体现出健康活泼感，加入较多的白色会有一种甜腻感。橙色与浅绿色和浅蓝色相配，可以构成响亮、欢快的色调；橙色与淡黄色相配有一种很协调的过渡感。橙色与褐色既和谐又富有层次变化。鲜橙色服装适合棕黑肤色或白皮肤的人穿着。此外，橙色常出现在运动式服装、沙滩装、泳装的色彩设计中。降低纯度的橙色极富民族情调，如图5-27、图5-28所示。

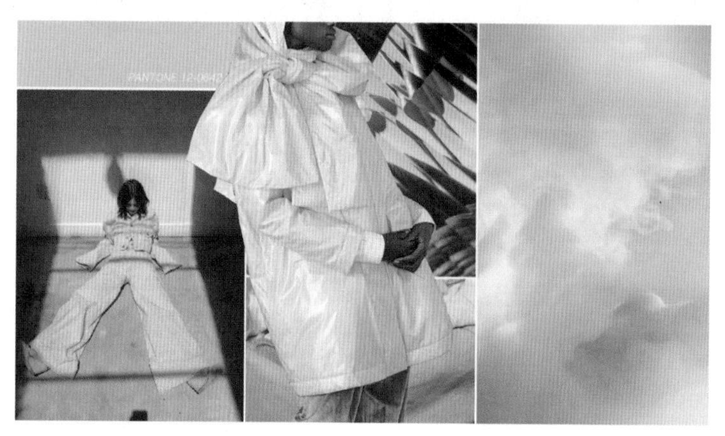

图5-25 黄色系服装流行趋势（图片来源：POP FASHION网站）

图5-26 黄色系时装画色彩表现（刘目琳作品）

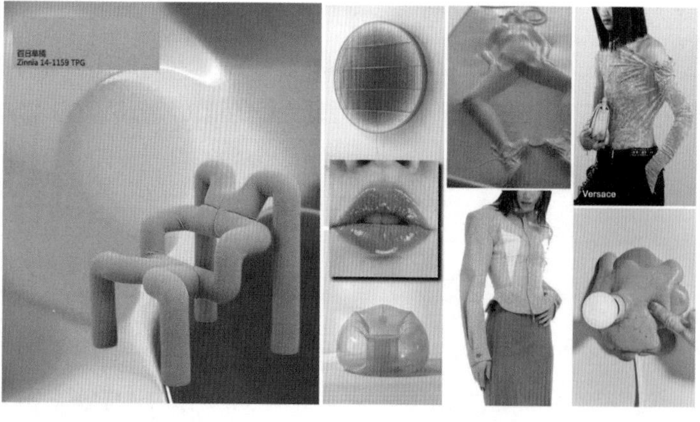

图5-27 橙色系服装流行趋势（图片来源：POP FASHION网站）

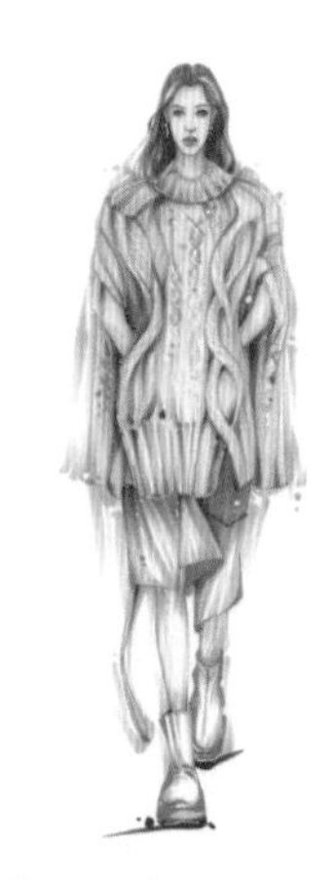

图5-28 橙色系时装画色彩表现（毛婉平作品）

二、色调的表现

画面中总是由具有某种内在联系的各种色彩组成一个统一的整体，形成画面色彩总的趋向，称为色调，色调的变化遵循着一定的规律，可根据自己作品所要表达的内容进行色调设计。

（一）主色调

画面色彩的主要色调、总趋势，以及用色面积大的颜色就是所说的主色调。其他配色不能超过该主色调的视觉面积。画面主色调是红色，辅色调为黄色，则整体色调为暖色。

（二）辅色调

仅次于主色调视觉面积的辅助色，起到烘托主色调、支持主色调、融合主色调效果的辅助色调。

（三）点睛色

在小范围内点上强烈的颜色来突出主题效果，使画面更加鲜明生动。

（四）背景色

背景色是衬托环抱整体的色调，起协调、支配整体的作用。

三、色彩的搭配

（一）常用色彩搭配

时装画色彩表现十分重要，能够起到提升商业价值或加强单纯审美的作用。时装画色彩在实际操作环节常常遵循色彩组合规律，易受到服装设计色彩搭配规律的影响。因此，时装画在色彩不同面积的配合采用、色彩间纯度和明度的变化关系、色彩的位置关系、色彩的层次关系等方面都要考虑整体与局部的关系，使它们之间达到一种协调的色彩艺术美，进而体现出时装画的设计之美。通常作为时装画的色彩配置有以下五种基本方法。

1. 无彩色搭配

无彩色是指黑、白、灰、金、银色。这五种色彩具有无色相、无彩度的共同特征，表现时呈现出层次丰富的黑白灰调变化，如图5-29所示。无彩色的配

纯黑	深灰	中性灰	浅灰	纯白
0	25%	50%	75%	100%

图5-29　无色相

置是服装设计中经典流行的色彩组合。时装画采用无彩色的形式绘画，可通过利用强烈的黑白块面虚实对比，呈现一种光影的节奏处理从而显现设计特点，如图5-30所示。

图5-30 无彩色搭配（毛婉平作品）

2. 同色相搭配

同色相搭配是色相环中30°范围内的色彩配置，如图5-31所示。如红色系列、黄色系列、蓝色系列等。在时装画中，同色相的配置很容易取得质朴协调的色彩情趣，在进行上下内外的组合时，应该注意色彩明度和纯度的层次要处理得当，避免产生呆板且平淡的色彩问题，如图5-32所示。

3. 邻近色搭配

邻近色搭配是色相环中60°～90°范围内的色彩配置，如图5-33所示。如橙与红、蓝与绿、绿与黄等。邻近色的配置方法易构成和谐而富于变化的色彩效果，给人以温和典雅之感。时装画中，邻近色配置应该注意色彩之间纯度和明度在强弱、虚实等方面的层次关系，使色感配置更富于变化，如图5-34所示。

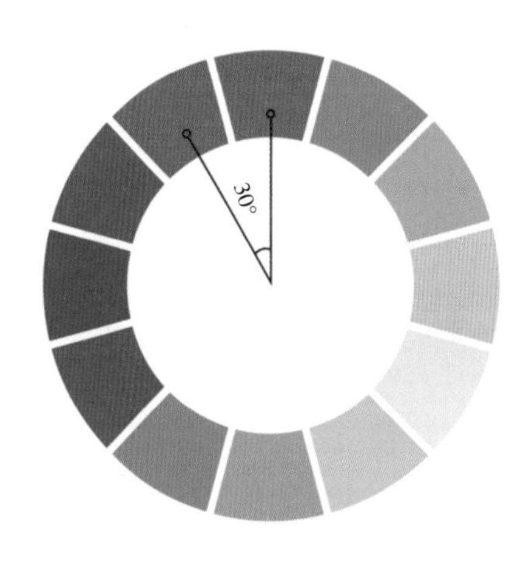

图5-31 同色相

图5-32 同色相搭配（辛喆作品）

4. 对比色搭配

色相环中120°～150°范围内的色彩配置，如图5-35所示，120°内为弱对比，150°为强对比。如红与绿、黄与紫、蓝与橙等。对比色配置色彩效果更为强烈，易产生明朗而醒目的效果。在时装画中，对比色配置应注意色彩间在面积上的对比关系，以及色彩的纯度和明度上的对比关系，为避免色彩对比形成的匠

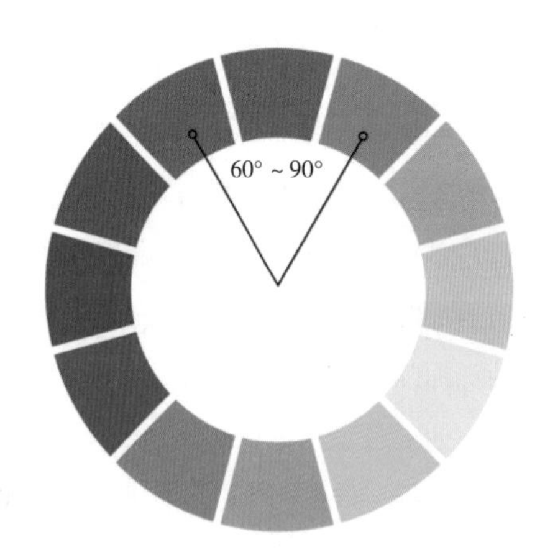

图5-33 邻近色

图5-34 邻近色搭配（刘目琳作品）

气刺目的问题，可适当加入黑、白等中间色的方法调节色彩配置效果，使对比效果更具格调之美，如图5-36所示。

5. 主次色搭配

主次色配置主要是通过色彩间的面积大小、比例的分配与组合，形成主次分明、互相协调的关系，达到画面效果。它通常以一种或两种色彩为主基调，起主导支配作用，另配合其他色彩作为辅色的方式进行设计处理，如图5-37所示。初学者面对成千上万的色彩和众多的色彩组合规律时往往感到无所适从，但是，时装画中色彩的数量及其运用方式相对较少，只要抓住服装色彩与画面色彩这两大类别的色彩表现共性与区别，并通过色调环节掌控设计思路，把握色相、明度、纯度、色面积比例、色位置等诸多因素构成服装色彩整体系列关系，就会延伸出更加丰富的色彩效果。众所周知，任何一种颜色都无所谓美或不美，每一种色彩配置都会给人们带来不同的心理感受，色彩的多和少并不决定其审美价值的高低。因此，无论何种色彩，隐藏在五彩斑斓色彩背后的一些色彩配置方式应是时装画者细细揣摩的问题。

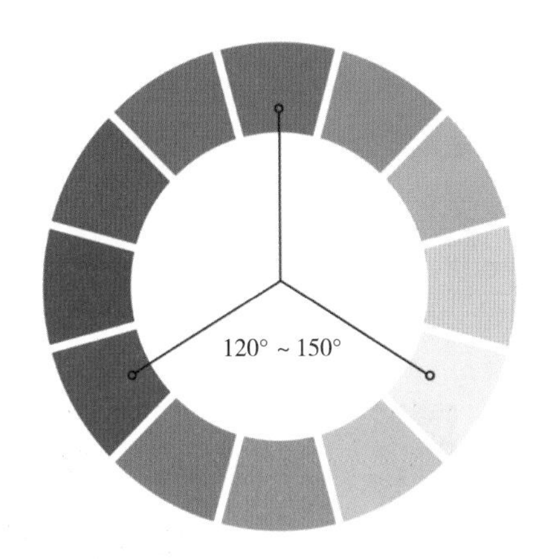

图5-35　对比色

图5-36　对比色搭配（毛婉平作品）

图5-37　主次色搭配（刘目琳作品）

（二）其他色彩搭配

时装画色彩创作是一个复杂的积累过程。它是色彩规律内容的形象反映，更是历史、文化、艺术、宗教、风俗、社会等各个方面共同作用的有效演绎。所以说，我们从更加宽泛的视野角度审视这些由色彩共同作用有效演绎而形成的时装画色彩创作素材，多方面探究时装画色彩创作灵感来源，并将收集到的灵感素材作为借鉴与吸收的基础切入点，用于丰富时装画色彩创作形式，将对时装画效果的生动体现有一定的现实作用。通常时装画色彩借鉴可以从时装作品的借鉴、设计灵感图的借鉴、配色手册的借鉴、传统配色惯例的借鉴等方面着手。

1. 服装作品色彩搭配

服装作品色彩的借鉴可以分为两个途径，一是传统服饰配色，二是服装设计大师作品配色。传统服饰配色是在历代岁月的传承与发展中由不同的地域文化汇聚形成的智慧结晶。它们的用色方式丰富多样，代表了不同时代人们的思维方式和社会风尚，是极其丰厚的服饰文化财富。服装设计大师作品配色是设计师自身长期积累的配色方法与配色经验的总结，深受人们的喜爱，并且这些设计作品也从不同程度代表着时尚服饰趋势配色的导向，具有标志性。总之，优秀的服装作品的色彩借鉴都能成为时装画色彩借鉴的来源，在时装画创作中勿死记硬背所有的配色方案，应仔细揣摩并将这些规律灵活运用，如图5-38所示。

2. 设计灵感图的色彩搭配

设计灵感图风格多样，范围广泛，为我们提供了丰富的设计理念与创意启示，也成为我们在时装画中汲取色彩配置方式最常见的方法之一。设计灵感图的色彩借鉴可以分为两个途径，一是文化艺术类灵感图配色，二是自然生活类灵感图配色。文化艺术类灵感图配色是绘画作品、民俗工艺、设计作品等不同领域各自色彩的魅力展现，灵感来源丰富。自然生活类灵感图配色是大自然与生活细节的色彩反映，诸多不同地域的民俗风情、环境气候、街角涂鸦等都成为激发创作灵感的丰富素材。在时装画中设计灵感的选择关键在于与其所表现的主旨风格相符。设计灵感图色彩复杂，当我们面对它时不应只简单地取色用色，应该从感性与理性的角度对用色方式进行分析、梳理和总结，进而确定时装画色彩的表现，如图5-39所示。

3. 配色手册的色彩搭配

色彩借鉴的另外一个重要方式是配色手册。配色手册为我们提供了丰富的色彩配色方案，它具体、直观而成熟。常用配色手册的借鉴可以分为两个途径，一是实用配色手册，二是传统配色惯例。实用配色手册是色彩趋势形象预测的同步方案与某一设计领域制作配色方案的集合，这些不同的配色方案对应不同的视觉效果和心理感受，配色意味浓厚，如图5-40所示。传统配色惯例是不同地域、不同风俗的人群所形成的色彩喜好，色彩特色充满人文主义气息和鲜明的民俗性格。例如，中国喜欢使用红色，非洲习惯使用明艳的植物色彩等。总之，配色手册的借鉴极大满足了各种不同风格的时装画创作，使画面色彩更加灵活生动，富有理性与成熟的特征。

图5-38 服装作品色彩搭配（图片来源：POP FASHION网站）

图5-39　设计灵感图的色彩搭配（莫洁诗作品）

图5-40　配色手册的色彩搭配（图片来源：POP FASHION网站）

第三节　时装画的配色鉴赏

时装画在进行配色设计时，除了关注到服装作品本身的色彩搭配外，绘制时也需要与肤色、发色和环境色相协调。单人时装画的配色主要以突出人物为主，加强服装与人物形象的对比；多人时装画的配色需要进行人物之间的调和，系列服装的色彩比例需要有大小和轻重的考量，以及对整体画面的调整。因此，时装画的配色十分考验设计师对色彩的综合运用能力和扎实的创意设计思维，本节将对冷、暖色调的时装画进行配色鉴赏，使读者在鉴赏过程中体会不同的配色技巧。

一、冷色调时装画的配色鉴赏

冷色调时装画配色常常给人以冷静、神秘和忧郁的感觉，多以蓝色系、紫色系、绿色系等冷色系为主色调来绘制，深受设计师的喜爱且常被运用到时装画面当中，以下是优秀时装画的配色鉴赏。

图5-41所示时装画作品的配色主要采用冷色调，运用蓝色系进行服装和画面的搭配，总体服装色彩为深蓝色，作者使用水洗蓝勾绘出服装中的阔面裙摆和腰间的碎羽毛流苏设计，突出细节和主体的对比，刻画出服装的层次感和动感，背景采用粉紫色点缀，增添了画面氛围感，整体给人以悠远、宁静的感觉。

图5-42所示作品为秋冬季格纹毛呢服装效果图。画面选用了绿色系的色调作为主

图5-41 冷色调搭配一（毛婉平作品）

图5-42 冷色调搭配二（毛婉平作品）

体色，在绿色的面料底色上增加不同深浅变化的格纹纹理，格纹的图案层层叠加呈现出更丰富的层次。模特发色和包包则采用了金黄色的搭配，以此提亮整体氛围，腰带与鞋子选用邻近色深蓝色作为搭配，衬托出服装主体。

图5-43所示时装画作品的线条绘制流畅、简洁，准确表达出服装的款式与设计。主体配色采用了冷色调，以青绿色作为主色系，加入亮绿色作为局部点缀和图案设计，增添了整体画面的氛围感、趣味感和节奏感，呈现出轻松、冷冽且带有神秘感的绘制效果。

图5-44所示时装画作品使用电脑绘制的手法，其中服装的配色主要采用冷色调，运用深藏青色为主基调，加入蓝灰渐变色进行整体调和，比如在领子处搭配深浅不一的色彩，在图案设计的细节中融入细微的色彩变化等，从而使系列服装的色彩在统一中得到变化，画面整体丰富、有层次感。

图5-43　冷色调搭配三（毛婉平作品）

图5-44　冷色调搭配四（李慧慧作品）

二、暖色调时装画的配色鉴赏

暖色调时装画配色常常给人以热情、活泼和开心的感觉，多以红色系、橙色系、粉色系等暖色系为主色调来绘制，深受设计师的喜爱且常被运用于画面当中，以下是优秀时装画的配色鉴赏。

图5-45所示时装画作品的配色主要采用暖色调，运用红色、橙色系进行搭配，包括肤色和发色与整体的服装都处于一个整体。使用邻近色的搭配和谐统一，整体给人以活泼、热烈、运动的感觉。最后加以紫色背景，使得人物主体更为突出。

图5-46所示时装画作品的配色主要采用暖色调，左图主要以黄色系为主，给人以明亮、温暖的视觉感受，右图以红色系为主，给人以复古、热烈的感觉。画面的两人组合中分别使用黄色与红色进行局部细节的协调，让整体更加统一。

图5-47所示时装画作品使用电脑绘制的手法，服装的配色主要采用暖色调，运用粉紫色系进行服装和画面的搭配，图案中的色彩组合与服装主色调相互协调、呼应，让画面产生统一的节奏感。融入不规则的背景设计，使整体营造出一种梦幻、可爱的画面效果。

图5-45　暖色调搭配一（毛婉平作品）

图5-46　暖色调搭配二（学生习作）

图5-47 暖色调搭配三（李慧慧作品）

本章小结

时装画色彩从色彩基本规律出发，依据其自身的特点和要求以直观的色彩视觉形式表达服装的穿着效果，成为彰显画面艺术魅力的重要环节。时装画色彩是以表现服装真实色彩的特性为主，大量运用固有色，忽略环境色在服装上的运用，故在服装表现时多考虑服装色彩的实用机能性、人的性别、年龄等生理条件与人的心理、职业、文化、环境和风俗相互之间的协调个性美。时装画色彩不仅注重服装本身的色彩搭配完美性，还注意画面背景色彩与服装组合产生的整体美感。色彩富有鲜明的时代感和时髦性。时装画色彩不仅要考虑合理运用色彩配色规律，还要考虑季节、流行等元素，符合大众的认识、理想、兴趣、欲望，及时感悟时尚色彩的新鲜气息。

思考题

1. 时装画色彩搭配时需要注意什么?
2. 冷、暖色调的时装画各有什么特点?

作业

1. 运用冷色调搭配出两组时装画。
2. 运用暖色调搭配出两组时装画。

第六章

时装画的线条绘制与美学

课题名称：时装画的线条绘制与美学

课题内容：时装画线稿部分的线条绘制技法及相关步骤

课题时间：10课时

教学目的：使学生了解时装画线稿绘制的基本步骤与技法，为彩色完整效果图画面的绘制打下基础。

教学方式：教师示范授课，学生课堂临摹练习并尝试写生。

教学要求：1. 了解时装画线稿的基本绘制步骤、不同线条的表现形式与效果。

2. 学习不同单体的局部绘制的线条表现手法。

3. 熟练掌握线条绘制的虚实变化与艺术特征。

课前（课后）准备：查阅并大量搜集不同的服装款式秀场图与局部特写的图片资料，丰富自己的素材积累与审美体验。

在时装画中，线条的绘制是时装画线稿中极为重要的一环，不论是时装的款式，还是人体的形态，都通过线条传达给观者，因此线条表现的好坏直接影响线稿的好坏，甚至影响最终效果。

在时装画表现中，线条的形式非常丰富，线型上有粗线和细线之分等，线性上有直线和曲线之分等，以及在艺术处理上有虚实变化的线条等。不同的线条能够起到不同的作用，可以传达出不同的造型与设计意图。比如，直线适合西装、风衣外套等较为硬挺的服装廓型的绘制；曲线则比较适用于绸缎、薄纱等较为柔软材料的表达。因此，在学习时装画的过程中，学会通过不同的线条来表现人体动态和服装的款式以及服装材质等特性是至关重要的。

时装画的表现技法多种多样，但其都以完整、协调的线稿作为基础。完整的线稿包括人体、服装廓型及局部细节等多方面。本章节将分别讲解示范如何通过线条表现时装画的廓型与局部形态。

第一节　时装画廓型线条绘制与美学

服装廓型是服装整个外轮廓的形状，是服装设计构思的基础框架。服装的廓型变化主要以参考人体的肩、胸、腰、臀的起伏变化作为依据，不同的人体特征会导致服装的廓型有所改变，从而表现出不同的服装廓型类型和具体造型。

目前国际上主要以字母分出五个廓型，分别是X型、A型、H型、T型、O型；另外，也包括一些由基本廓型延伸而来的其他服装廓型。

一、X型的绘制与美学

X型是以宽肩、阔摆、收腰为基本特征，一般被认为是最为传统的女装廓型，也是历史上使用时间最长的服装廓型。X型有明显的肩线、腰线与臀线的廓型设计，能更好地展现女性丰胸、细腰、宽臀的身体曲线，充分塑造女性柔美、性感的特点，体现女性的魅力，如图6-1、图6-2所示。

图6-1　X型服装线稿一（毛婉平作品）

二、A型的绘制与美学

A型是一种上窄下宽的造型，也被称为正三角型，主要以收

图6-2　X型服装线稿二（莫洁诗作品）

腰、宽下摆为基本特征。A型是通过调整肩部线条，使上衣合体，且同时具有夸张下摆的圆锥状服装廓型特征，整体造型流动感强，富有活力。A型的服装可以弱化人的身体曲线，从上至下呈梯形式逐渐展开的外形，展现出宽松、简洁的休闲感，多用于大衣、连衣裙或晚礼服等，如图6-3所示。

图6-3　A型服装线稿（莫洁诗作品）

三、H型的绘制与美学

H型类似于直筒型，是指腰部宽松的廓型。H型的造型特点是平肩、不收腰、桶型下摆，通过放宽腰围，强调左右平衡，具有修长、简约、宽松、舒适的特点。H型的着装使女性从紧身胸衣的束缚中解脱出来，向着更为舒适的方向发展。著名的夫拉帕样式（Flapper）就是H型服装的代表之一。H型具有概括、简洁之感，因此常被应用于男装、运动装、休闲装和家居服中，如图6-4所示。

四、T型的绘制与美学

T型一般是指肩部夸张的服装样式。T型强调肩部造型，具有大方、洒脱、阳刚的男性特征，所以常常出现在男性服装设计中。T型的女装也具备了男装的特点，强调了中性的一面，模糊了男女两性的性别特征，如图6-5所示。

图6-4　H型服装线稿（毛婉平作品）

图6-5　T型服装线稿（莫洁诗作品）

五、O型的绘制与美学

O型是运动装及休闲装常用的样式，肩部、腰部以及下摆处没有明显的棱角，尤其是腰部线条松弛、不收腰，其外形看上去饱满、圆润。宽松的空间满足大幅度肢体行动的需求，整体造型较为丰满。此外，造型独特的袖子也容易形成O型轮廓，产生极强的装饰性，如图6-6所示。

图6-6　O型服装线稿（莫洁诗作品）

六、多元化线条重叠的绘制与美学

服装的廓型繁多，除了以上五种常见的基本廓型，还有一些由基本型延伸而来的其他服装廓型，比如长方型、三角型、S型、不规则型等，如图6-7、图6-8所示。

图6-7　不规则廓型服装的绘制一（毛婉平作品）

第二节　时装画局部线条绘制与美学

前面提到，绘制廓型是整体时装画效果图中的重要构成部分。同样，局部的线条绘制在时装画中也是非常重要的一个环节。在时装画的表现技法中，不同线条的表现形式能够起到不同的画面效果。因此，服装局部的表现形式颇为丰富，通过曲直结合、虚实变化的线条塑造能够传达出不同的造型与风格。

人体在着装时一般分为两个部分：上装和下装。上装一般包括衣领、门襟、衣袖、衣袋这几个主要内部结构。下装一般包括裤装、裙装等类型。因此，局部的线条绘制也围绕着这两个方面展开。除此之外，还包括服装配饰以及局部褶皱等线条的绘制，皆根据相应的服装款式的造型与服装材料的特性，通过不同的线条手法表现出来。

图6-8　不规则廓型服装的绘制二（毛婉平作品）

一、衣领线条的绘制与美学

衣领是服装设计中必不可少的一个设计点，衣领处于服装最上方的醒目位置，样式繁多，映衬着穿着者的脸型，其造型起到重要的装饰作用。其基本形式有无领、立领和翻折领三类，衣领的基本结构与衣身以及褶皱、省等造型结合起来形成变化领的样式。

服装设计中衣领的造型很多，不同的服装也会搭配相应的衣领款式，衣领有各种形状与大小用来装饰上衣。一般常见的衣领样式有衬衫的立领；西装的平驳领、戗驳领；套头卫衣的圆领以及时装设计中带有设计感的变化领等。

（a）步骤一

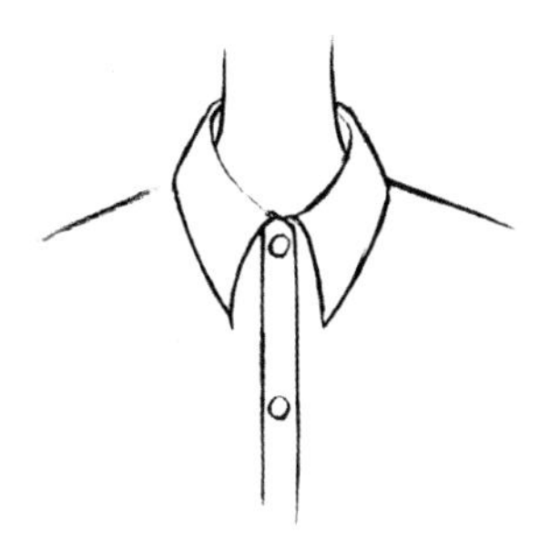

（b）步骤二

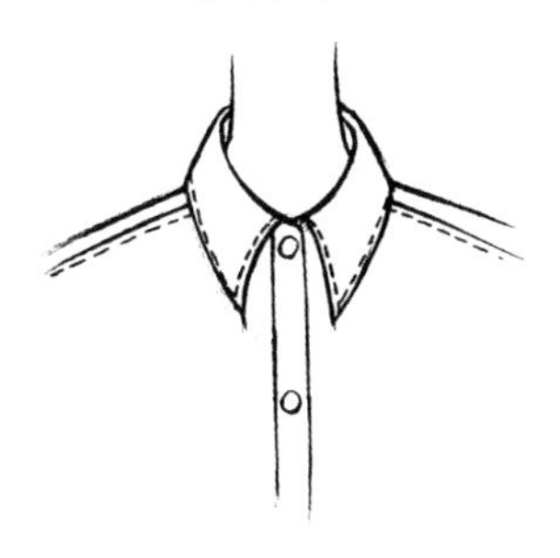

（c）步骤三

图6-9　衣领的绘制步骤

（一）衣领的绘制步骤

以下是衣领的绘制步骤，如图6-9所示。

（1）步骤一：先用铅笔简单勾勒出人体脖子部位的大致轮廓，预留好衣领与脖子之间的空间，再定好衣领的位置与轮廓。

（2）步骤二：绘制出衣领的整体轮廓及具体的款式造型。

（3）步骤三：进一步加深衣领口的细节。

（二）不同款式的衣领

衣领按制作结构主要分为连身领、装领和组合领。其中连身领包括无领设计和连身领设计，装领设计包括立领、翻领、驳领和平贴领四种，组合领是概念性较强的领型，一般用于创意服装中。衣领有很多不同的款式类型，在时装画的学习与绘制过程中，应该多观察和练习不同衣领的画法。如图6-10、图6-11所示，是一些常见的衣领样式。

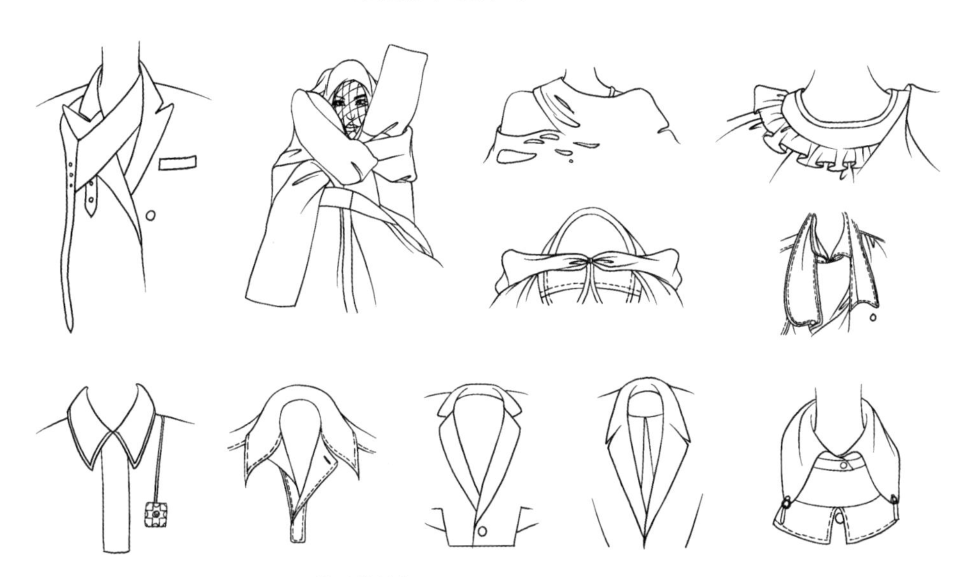

图6-10　不同款式的衣领一（毛婉平作品）

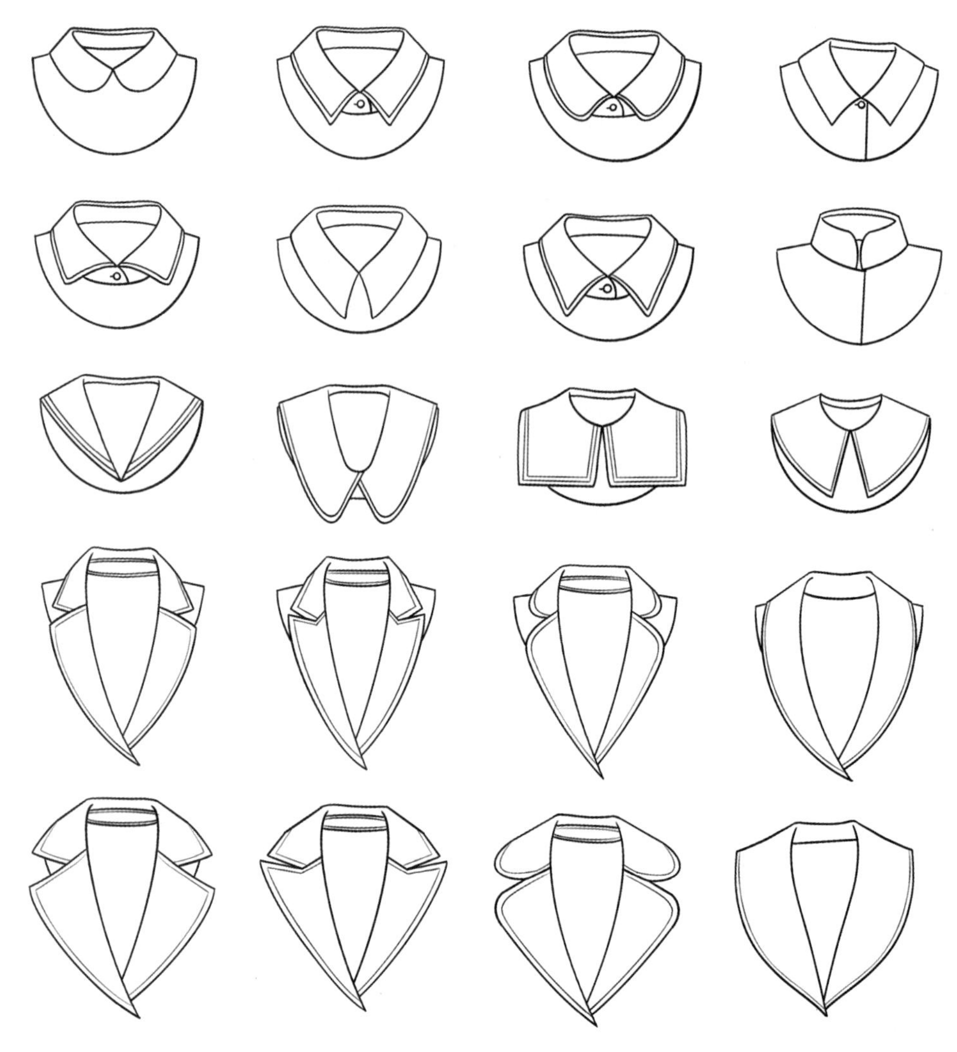

图6-11 不同款式的衣领二（莫洁诗作品）

二、衣袖线条的绘制与美学

衣袖是所有服装局部中最有分量感的部件，衣袖的造型很大程度上决定着服装的整体廓型。袖子的设计主要包括袖山设计、袖身设计和袖口设计三个部分，如果设计不合理，则会限制人体上肢的活动。以衣袖的外形作为分类依据，按长度可以分为无袖、短袖、七分袖和长袖等，从造型上可分为插肩袖、紧身袖、灯笼袖和喇叭袖等。

服装设计中衣袖的造型千姿百态，款式多种多样。一般不同的袖子会相应地与不同的服装款式进行搭配，比如一片袖适合搭配连衣裙与衬衫，两片袖适合搭配西装或外套等。

（一）衣袖的绘制步骤

以下是衣袖的绘制步骤，如图6-12所示。

（1）步骤一：用简单的线条在画面上定出衣袖的大概位置与框架。

（2）步骤二：绘制出衣袖的整体轮廓及具体的款式造型，注意袖口垂坠质感的表现以及线条的虚实变化。

（3）步骤三：进一步加深衣袖的细节，准确、清楚地绘制出袖口褶皱的层次关系。

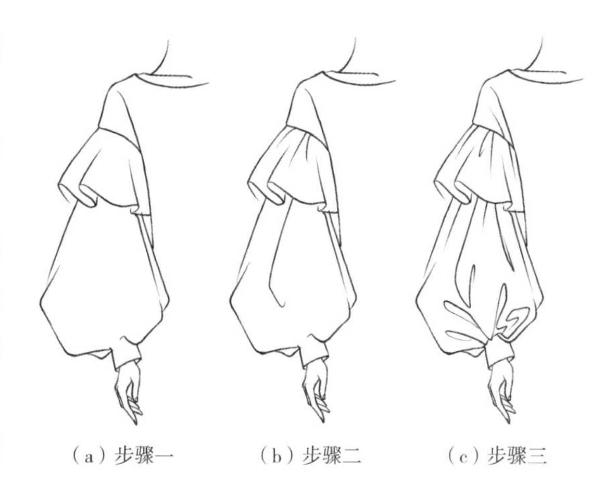

（a）步骤一　（b）步骤二　（c）步骤三

图6-12　衣袖的绘制步骤

（二）不同款式的衣袖

袖子在服装上所占比例较大，其形状要与服装整体相协调，同时要讲究装饰性和功能性的统一。衣袖的款式多种多样，可以根据服装款式的造型及服装材料的特性来选择适合的衣袖样式。如图6-13、图6-14所示为一些常见的不同款式的衣袖样式。

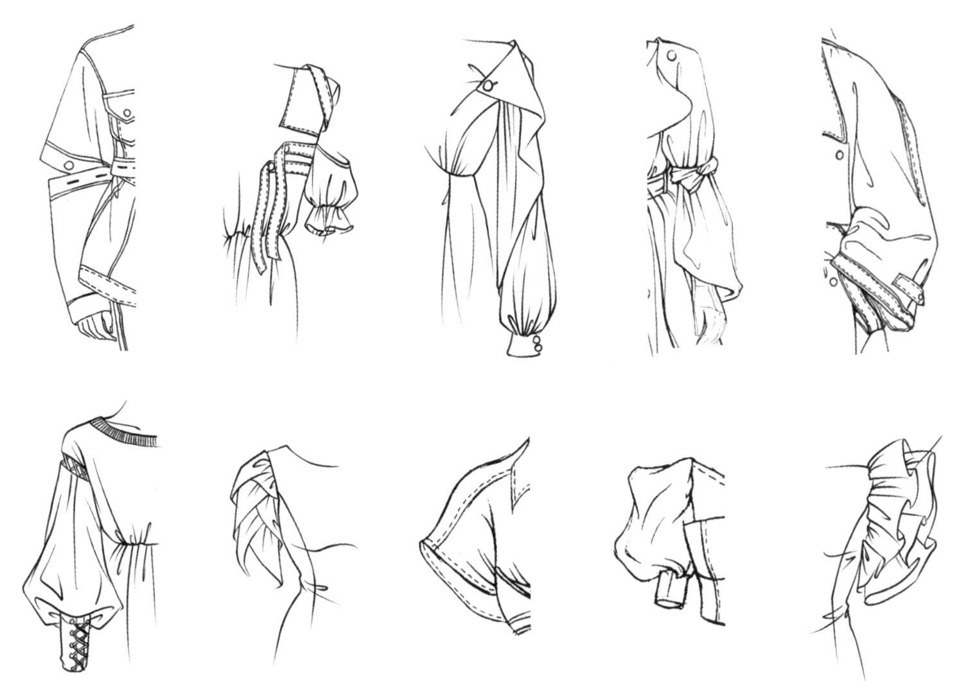

图6-13　手绘不同款式的衣袖（毛婉平作品）

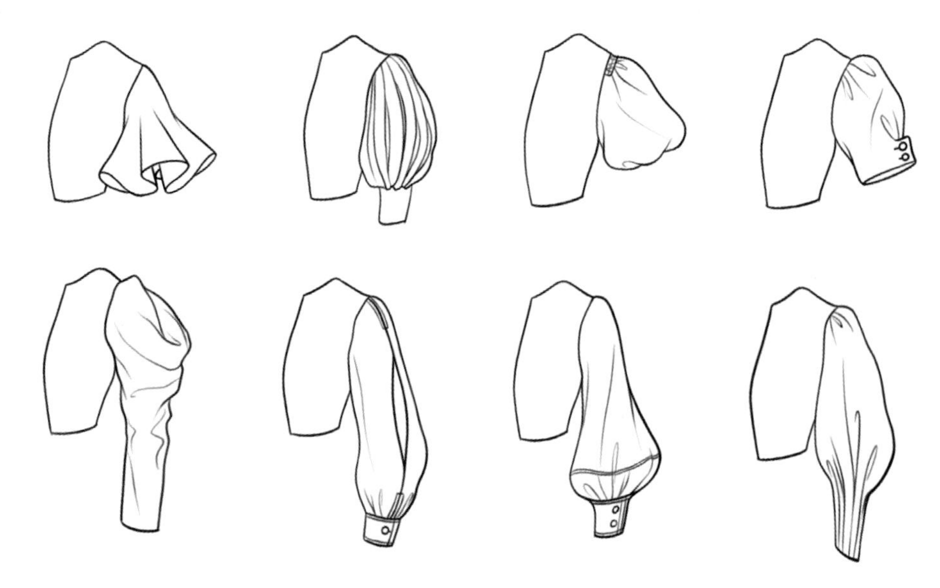

图6-14 数码绘不同款式的衣袖（莫洁诗作品）

三、门襟线条的绘制与美学

门襟是服装设计中一种开口的样式，也是服装设计中最为显眼的位置。门襟的造型在服装的整体设计中是非常重要的设计亮点。它与衣领、口袋互相衬托，展现服装的全貌，门襟不仅具有方便穿着的实用功能，如果能够与适当的设计手法相结合，还会让服装变得更具层次感与空间感。

门襟的款式层出不穷、千变万化，通过造型上的不对称设计，能够让服装更加时尚生动、时髦出众。合理地运用门襟可以丰富服装的设计表达，充分拓展服装设计的创意思维。

（一）门襟的绘制步骤

以下是绍门襟的绘制步骤，如图6-15所示。

（1）步骤一：用简单的线条绘制出上衣门襟的大概位置与结构框架。

（2）步骤二：绘制出门襟的整体造型轮廓以及具体的位置关系，注意门襟两边的大小比例关系。

（3）步骤三：进一步加深门襟的细节绘制。

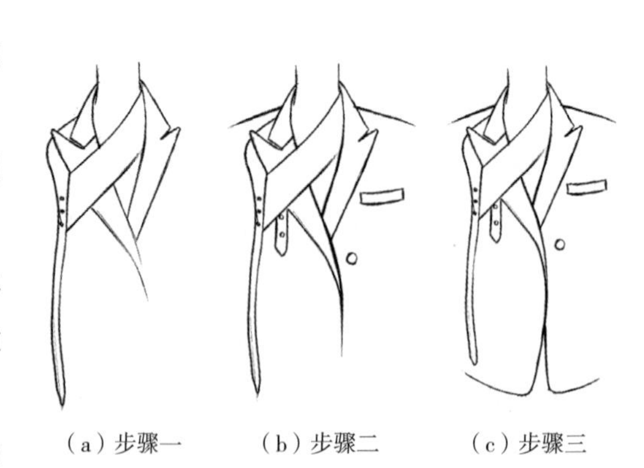

（a）步骤一　（b）步骤二　（c）步骤三

图6-15 门襟的绘制步骤

（二）不同款式的门襟

门襟的款式千变万化，同一类服装可以搭配多种不同的门襟设计，可以根据不同的设计手法去表现门襟的样式，包括对称或不对称样式的门襟设计。如图6-16所示，是一些常见的不同款式的门襟样式的变化。

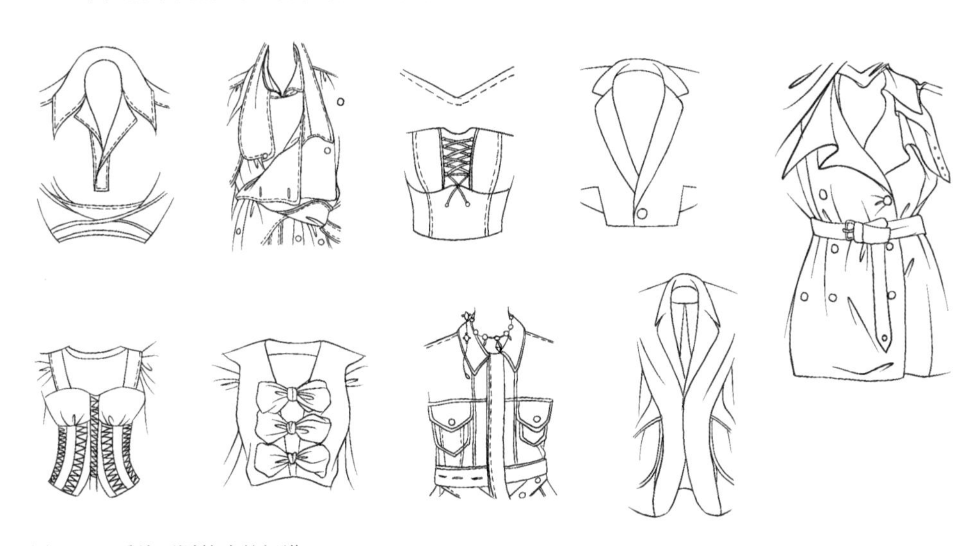

图6-16　手绘不同款式的门襟

四、衣袋线条的绘制与美学

衣袋又叫口袋或者衣兜，是服装上最具有功能性的部件之一，不同用途的服装会搭配不同类型的衣袋，衣袋具有实用性和装饰性两大特点。实用性衣袋主要体现在它的功能上，可以随身收纳多种小件的物品；装饰性衣袋以装饰为主、功能为辅，主要体现在它的外观造型上。在画衣袋的时候要注意衣袋的所在位置与服装的比例关系。

（一）衣袋的绘制步骤

以下是衣袋的绘制步骤，如图6-17所示。

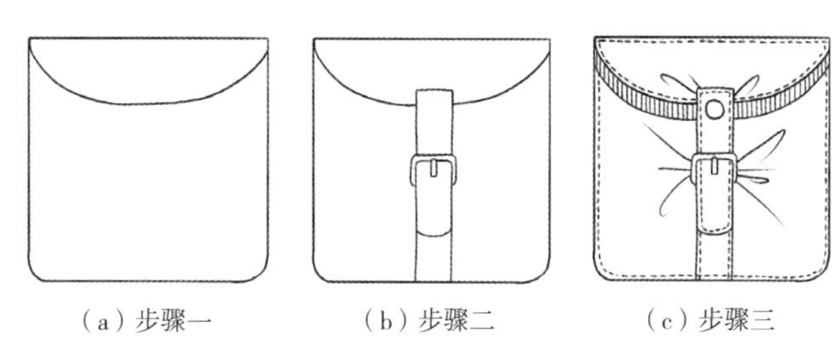

（a）步骤一　（b）步骤二　（c）步骤三

图6-17　衣袋的绘制步骤

（1）步骤一：用简单的线条绘制出衣袋在服装上的大小位置。

（2）步骤二：绘制出衣袋的整体造型轮廓以及具体的款式。

（3）步骤三：进一步加深衣袋的细节绘制。

（二）不同款式的衣袋

衣袋按其结构特点常分为贴袋、插袋、嵌袋、立体口袋和异形创意口袋等，在创作时需要注意纽扣、拉链等辅料的绘制。衣袋的款式很多，可以根据服装款式选择合适的衣袋样式，如图6-18、图6-19所示是一些常用的衣袋样式。

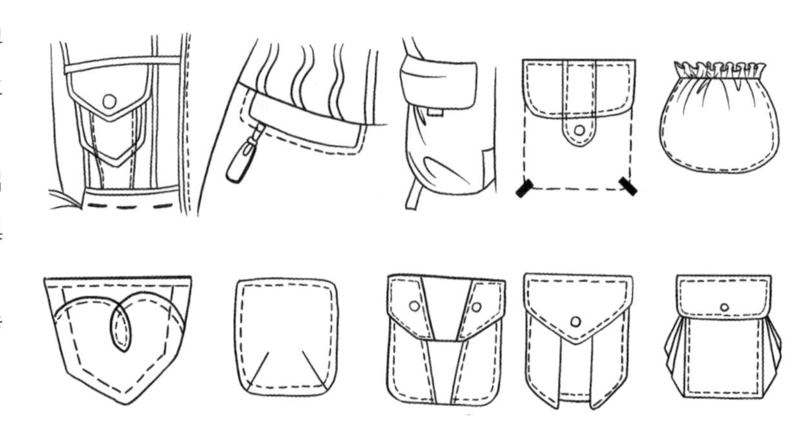

图6-18 不同款式的衣袋一（毛婉平作品）

五、褶皱线条的绘制与美学

在现代服装设计中，细节的设计表现越来越受到人们的重视。细节设计可以体现在多个方面，如各种褶皱，包括自然褶、工艺褶、荷叶褶、缠裹褶、抽褶、机器褶等，它们给服装增加了设计亮点与质感，体现了不同的服装风格，同时也提升了服装的整体美感。

图6-19 不同款式的衣袋二（莫洁诗作品）

（一）褶皱的产生与方向

褶皱受到自然重力和人体动态姿势的影响，会产生不同的形态。人体运动所产生的褶皱是有一定规律的，主要是竖褶和横褶组合而成。面料的特性也是影响褶皱形成的重要因素，面料越厚，产生的褶皱越少，褶皱越清晰分明，弧度越平滑；面料越薄，产生的褶皱越多，褶皱越繁复缭乱，弧度越大。

一般的褶皱主要集中在人体关节转折处。比如袖窿处的褶皱较为突出，因为人的上肢活动幅度较大，所以肩膀与上肢的关节块面褶皱较为集中，需要根据省道的位置和造型来绘制褶皱的方向，如图6-20所示。

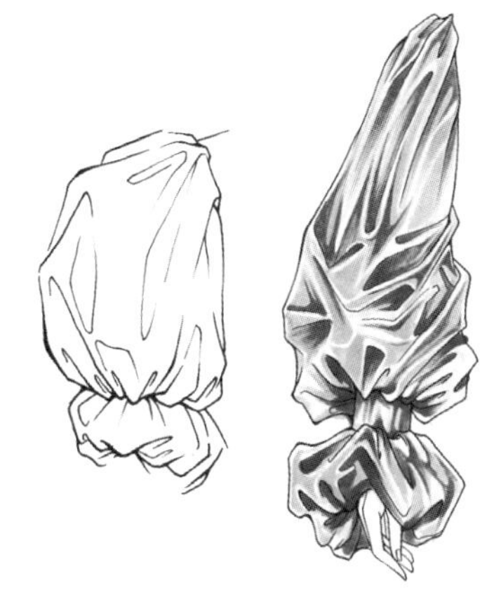

图6-20　褶皱的绘制

（二）不同形态的褶皱绘制

服装褶皱的细节设计也越来越受到人们的关注，主要表现为几种不同的褶皱类型，包括自然褶、工艺褶、荷叶褶、缠裹褶、抽褶、机器褶等，它们为服装整体视觉感受增加了一定的质感与美感。不同材质的褶皱会有不同的表现手法，不同的关节部位所产生的皱褶动态走向也会发生相应的变化。例如，宽松裤装的褶皱面积较大，需要突出裤脚部位的垂坠感；而紧身的衣服褶皱面积较小，主要集中在关节部位等。如图6-21所示，是一些不同类型的褶皱的绘制。

图6-21　不同类型的皱褶绘制（毛婉平作品）

六、上衣线条的绘制与美学

上衣是服装设计中最为重要的部分之一，一般由衣领、门襟、衣袖、衣袋这几个主要的部分构成，能够最直观地吸引观者的注意力。上衣的整体造型千变万化，不同的局部细节与设计手法之间的组合能够呈现出截然不同的服装风格与视觉感受。因此，需要多搜集各种类型的创意服装，注意素材的积累。

（一）上衣的绘制步骤

以下是上衣的绘制步骤，如图6-22所示。

（1）步骤一：用简单的线条绘制出上衣的大概位置和轮廓。

（2）步骤二：绘制出上衣的整体造型轮廓以及具体的款式。

（3）步骤三：进一步加深上衣的细节绘制。

（a）步骤一

（b）步骤二

（c）步骤三

图6-22　上衣的绘制步骤

（二）不同款式的上衣

上衣的款式很多，其造型变化可以给服装的整体面貌带来完全不同的视觉感受，有长款上衣、短款上衣、变化形不对称式上衣等多种类型，可以根据服装款式整体效果选择合适的上衣样式。如图6-23所示，是一些常见的上衣样式。

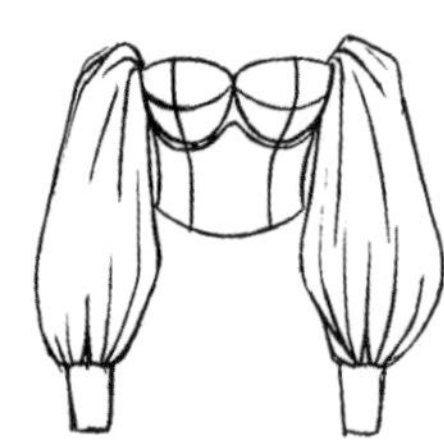

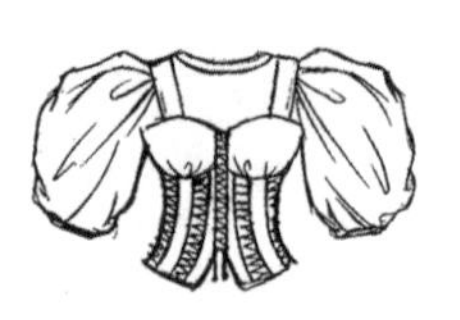

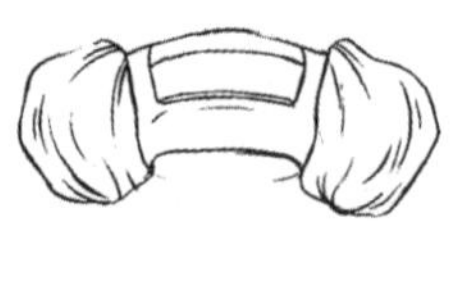

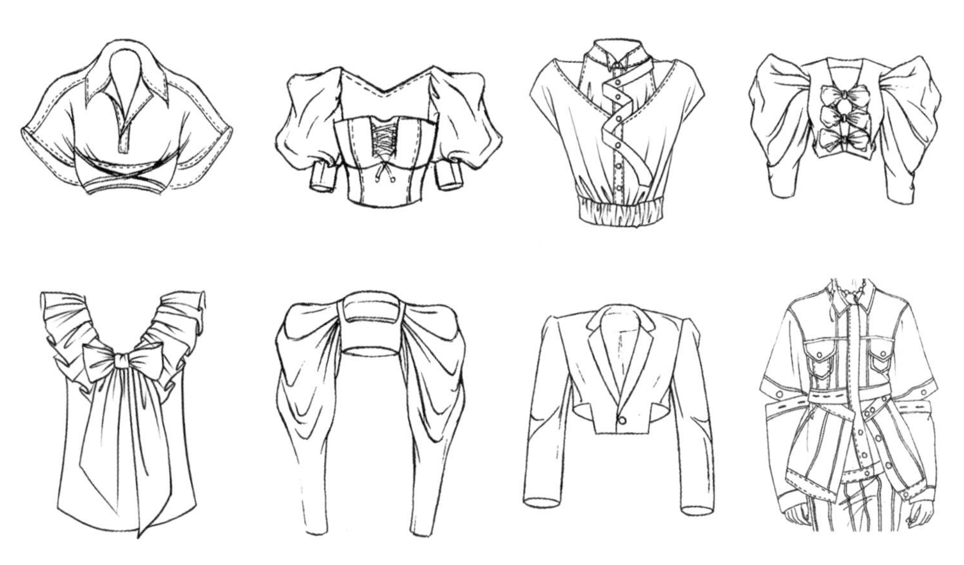

图6-23　不同款式的上衣（毛婉平作品）

七、裤装线条的绘制与美学

裤装是服装设计中最为常见的部分，裤装的性别概念相对模糊，尤其是在现代社会，裤装是最为通用的服装，不管是男生还是女生，都可以通过裤装来表达个性。由于裤装大部分以宽松为主，在绘制时需要注意表现裤脚部分的垂坠质感。

（一）裤装的绘制步骤

以下是裤装的绘制步骤，如图6-24所示。

（1）步骤一：用简单的线条绘制出裤装的大概位置和轮廓。

（a）步骤一

（b）步骤二

（c）步骤三

图6-24　裤装的绘制步骤

（2）步骤二：绘制出裤装的整体造型轮廓以及具体的款式。

（3）步骤三：进一步加深裤装的细节绘制。

（二）不同款式的裤装

裤装的款式多种多样，包括常见的西装裤、工装裤、喇叭裤、阔腿裤、紧身裤等多种基本款式，可以根据具体的场合要求以及服装整体的视觉效果选择合适的裤装样式，如图6-25所示是一些常见的裤装样式。

图6-25　不同款式的裤装（毛婉平作品）

八、裙装线条的绘制与美学

目前服装设计仍以女性市场为主，在此背景下，裙装的设计不断出奇制胜，裙装的款式以表现女性的柔美形象为主，包括连衣裙、皮裙、包臀裙、百褶裙等，裙装的设计风格也越来越前卫、个性。在绘制时装画时需要我们关注服装设计发展的潮流多加思考。

（一）裙装的绘制步骤

以下是裙装的绘制步骤，如图6-26所示。

（1）步骤一：用简单的线条绘制出裙装的大概位置与比例关系。

（2）步骤二：绘制出裙装的整体造型轮廓以及具体的款式。

（3）步骤三：进一步加深裙装的细节绘制。

（a）步骤一　（b）步骤二　（c）步骤三

图6-26　裙装的绘制步骤

（二）不同款式的裙装

裙装的款式包括很多类型，在时装画的学习与绘制过程中，应该多观察和练习不同的裙装的画法，根据裙装的款式及材料的特性练习不同的裙装质感的表达。图6-27所示是一些常用的裙装样式。

图6-27　不同款式的裙装（毛婉平作品）

九、配饰线条的绘制与美学

时装画中除了服装外，最常描绘的就是服饰配件，配饰能够与不同服装类型和风格相搭配，这会更有助于服装设计整体效果的呈现。服装作为流行趋势的主导，服饰配件也往往会受到服装流行趋势的影响。服装的配饰包括很多类型，常见的有腰带、包包、项链、耳坠、帽子、手表、眼镜、腕链等。

（一）配饰的绘制步骤

以下是腰带为例介绍配饰的绘制步骤，如图6-28所示。

（1）步骤一：用简单的线条绘制出腰带大概造型和轮廓。

（2）步骤二：绘制出腰带的整体造型轮廓以及具体的款式。

（3）步骤三：进一步加深腰带的细节绘制。

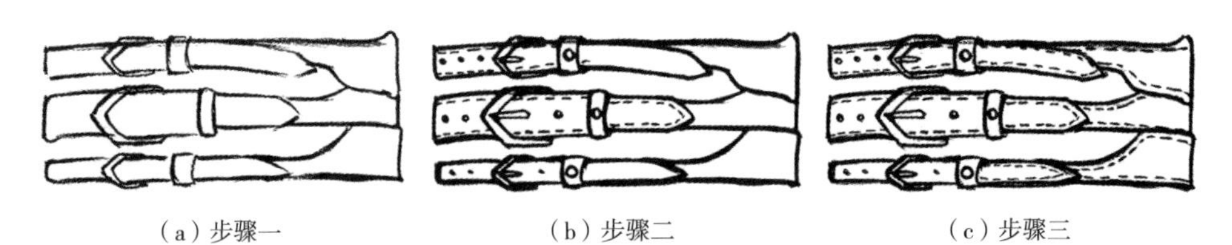

（a）步骤一　（b）步骤二　（c）步骤三

图6-28　配饰的绘制步骤

（二）不同款式的配饰

配饰的款式繁多，不同的场合需要搭配相适应的配饰类型与风格，常见配饰类型包括手提包、腰带腰封、头饰、耳饰、戒指、创意配饰等。不同的服装类型需要搭配不同的配饰风格，例如深色系服装适合搭配金色系的首饰；浅色系的服装适合搭配银色系的首饰；西装外套类的大廓型服装适合搭配耳钉、耳钻等简洁大方的配饰，而薄纱连衣裙及露肩礼服类则适合长款耳坠、项链等配饰。

配饰中常见的装饰性辅料又可以分为金属造型装饰、钉钻装饰、珍珠装饰、金属铆钉装饰、创意链条组合等类型，其中金属造型装饰常用于门襟、裤腰口、腰带、袖口装饰等；钉钻装饰常用于肩部、胸部、点缀装饰等；珍珠装饰常用于制作项链及部分点缀，以展现女性的柔美气质；金属铆钉装饰常铺满或作为点缀装饰于服装图案上；而创意链条组合常用于西装、夹克外套以及腰部装饰等。因此，可以根据不同的服装款式选择合适的配饰样式。图6-29所示是一些常用的配饰样式。

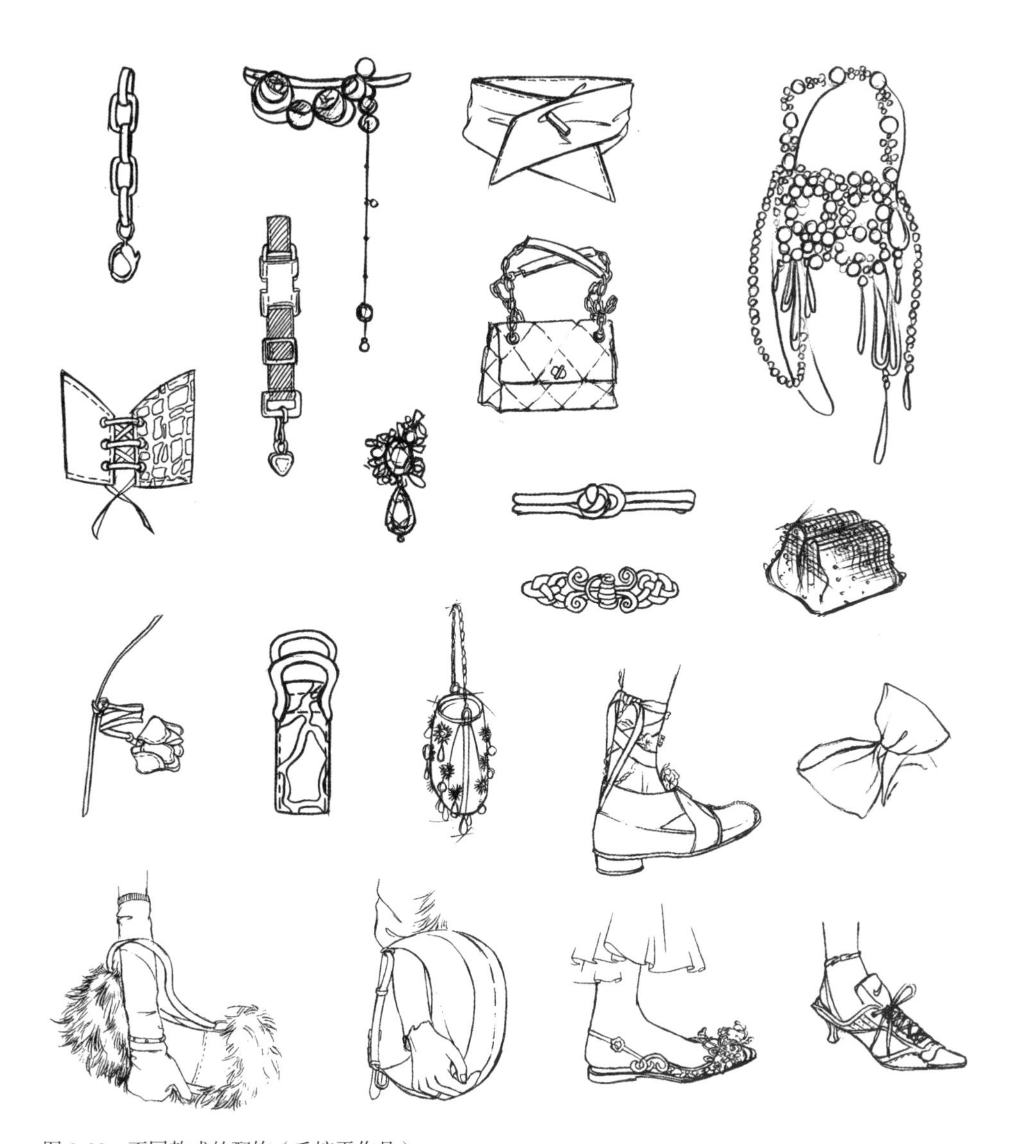

图6-29　不同款式的配饰（毛婉平作品）

本章小结

时装画线条的绘制是时装画手绘的基础，也是时装画效果图的主要表现手段，线稿的绘制是学习时装画效果图的必修课程。时装画的线条绘制直接关系到画面整体效果的传达，人体的动态与服装的款式都需要线条来表现，不同的造型需要不同的线条变化来表现。线条的形式非常丰富，有粗线和细线之分、直线和曲线之分以及虚实变化的线条等。熟练掌握不同的线条，才能更好地表现人体的动态关系和服装的款式、材料等特性。

时装画需要线稿作为基础，完整的线稿包括人体动态、服装款式、局部细节等多方面。因此，在了解人体比例的基础上，还需要多观察所描绘的服装对象的基本特征和质感，利用相应的线条去表现。

思考题

1. 时装画线稿的绘制步骤是什么？
2. 服装褶皱线条产生的原理是什么？如何绘制？
3. 不同季节（春夏季、秋冬季）的服装所呈现的线条特征有何区别？

作业

1. 绘制不同的关节部位所产生的褶皱线条的变化。
2. 绘制一张完整的时装效果图线稿。
3. 多观察一些时装秀场照片，分析它们的服装特点与风格后改变比例、夸张动态，绘制几张时装画线稿。

第七章

时装画中的材料表现艺术

课题名称：时装画中的材料表现艺术

课题内容：时装画材料部分的绘制技法及相关步骤

课题时间：8课时

教学目的：使学生了解不同时装画材料的基本技法与步骤，为绘制完整的时装画打下基础。

教学方法：教师示范授课，学生课堂临摹练习并尝试写生。

教学要求：1. 了解时装材料的分类和特点。

2. 学习不同材料在手绘与电脑绘制时装画中的质感表现。

3. 熟练掌握时装画的材料质感表达与艺术特征。

课前（课后）准备：准备上课时需要用到的绘画工具，搜集不同大师的时装画作品并欣赏其中对材料的质感表现技法，从中积累时装画的材料美学表达。

时装画中的材料表现艺术是指服装材料的肌理与质感的表现状态，材料的表现是时装画的重要表现内容之一。不同的时装材料有着不同的质感特征，表现手法也不相同，准确地把握不同材料的质感特征，能够掌握对于服装整体设计的把控。不同材料的衣纹肌理与质感的绘制，呈现出不同的外观特征。因此，时装画要取得良好的效果，需要恰当地运用各种不同的技法来表现不同材料的特点与质感。只有将服装造型与服装材料特点、艺术表现风格完美结合，才能展现出时装画的风格及美感。

时装画通过人体穿着状态展现服装的外貌形态，赋予了服装动态的视觉效果，通常在时装画中表现材料的特征时不需要写实表现，可提取与运用材料的主要特征，只要达到不同材料的表现效果即可。常见服装材料包括针织材料、毛呢材料、皮革材料、裘皮材料、真丝材料、牛仔材料、薄纱材料，以及棉衣、羽绒服材料等。服装材料质感表现多样化，不易准确掌握，初学者需反复学习与实践，才能达到好的效果。

第一节　常见的时装材料及其艺术感

时装材料中，不同材料的肌理状态呈现出相应的艺术特征，其类别非常丰富。按照不同的性质进行分类，时装材料的类别复杂多样。常见的时装材料包括棉麻织物材料、针织格纹材料、皮革材料、裘皮材料、蕾丝薄纱材料、真丝材料、羽绒服材料等，不同的时装材料有着不同的肌理特征与质感。时装材料的材质厚度、软硬程度、透气性等特点都会产生相对应的质感效果与艺术表现形式。

一、时装材料的分类

现代服装类别复杂多样，按人们活动的性质可分为生活休闲服装、运动服装、工作服装、戏剧服装等。从季节性区分，可以分为春秋季，包括格纹材料、针织材料、毛呢材料等；夏季包括薄纱材料、蕾丝材料、真丝材料等；冬季包括羽绒服材料、裘皮材料等。从年龄的方面来考虑，通常分为童装、学生装、成人服装、老年服装等不同类型，时装材料可以根据人们的不同需求来分类。

二、时装材料的特点

时装材料从材质的厚度、软硬程度、面料的透气性、吸水性等方面都具有各自的特性，以下为不同时装材料的相关特点。

（1）棉麻织物材料：棉麻织物是用麻纤维纺织而成的，常见苎麻、亚麻，手感相对粗糙，穿着透气性佳，常作为夏季的材料使用。

（2）真丝材料：丝织物是用蚕丝制成的，手感光滑柔软，色泽鲜艳，穿着效果华美富贵，常作为真丝睡衣、真丝礼服类材料使用。

（3）毛呢材料：毛呢绒织物毛纤维纺成纱织造的，手感柔软舒适，高雅挺括、防皱耐磨、自然大方，多应用于西装外套、礼服、西装、大衣等正规、高档的时装。

（4）皮革材料：皮革表面平细，内在节奏细密紧致。皮革又分为真皮皮革与人造皮革，真皮是一种天然皮革；人造革是仿制皮，被普遍用来制作皮革制品，如今它的表面工艺几乎已达到真皮的效果，可以根据不同的色彩、光泽、花纹图案等需求加工而成，种类繁多，防水性能好，利用率高。

（5）裘皮材料：裘皮即处理过的连带皮毛的皮革。它的优点是轻盈保暖、雍容华贵。它的缺点则是价格昂贵，贮藏、护理方面要求较高。

（6）针织材料：针织材料质地柔软舒适、吸湿透气，弹性与延伸性大。针织服饰穿着贴身舒适、无拘谨感，能充分体现人体曲线。

（7）合成纤维材料：合成纤维材料耐磨耐洗，不过穿着时感觉比较闷热。常见的氨纶面料可用来制作泳装、瑜伽服、潜水服等。

第二节　不同时装材料在时装画中的表现

在时装画中，面料肌理与质感等外观特征是表现不同材料画面效果的关键。常用时装材料包括针织材料、毛呢材料、皮革材料、裘皮材料、真丝材料、牛仔材料、薄纱材料以及羽绒服材料等，需要恰当地运用各种不同的绘画技法将时装造型轮廓与时装材料特点、艺术表现风格完美结合。

在表现不同的时装材料时，可提取与运用材料的主要特征，绘制出材料主要特征的视觉效果即可。时装材料质感表现多样化，在时装画的表现中以展现和谐完整的肌理效果与表现风格最佳。本节将从时装效果图手绘与时装效果图电脑绘画两个方面进行表现技法的讲解。

一、薄纱材料的表现技法

薄纱材料具有轻薄、柔软、光泽顺滑、悬垂度强，图案细腻精致等特性。薄纱材料的品种多种多样，可以分为厚纱、薄纱等不透明或半透明的织物。薄纱是较为常见的夏季材料，在夏季日常服装、礼服及女性家居服中的应用都很普遍。薄纱的材料质地柔软，半透明，在时装效果图手绘中常以透出部分肤色来达到透底的质感效果。不同类型的薄纱肌理手绘处理的技法较为相似，一般都是以材料的悬垂感与光泽度、衣褶纹理这些方面来着重塑造表现，沿着纹理褶皱与层次画出明暗关系，再通过高光与材料的反光来凸显材料的透明、轻盈。

（一）薄纱材料的手绘步骤

薄纱材料手绘步骤如图7-1所示。

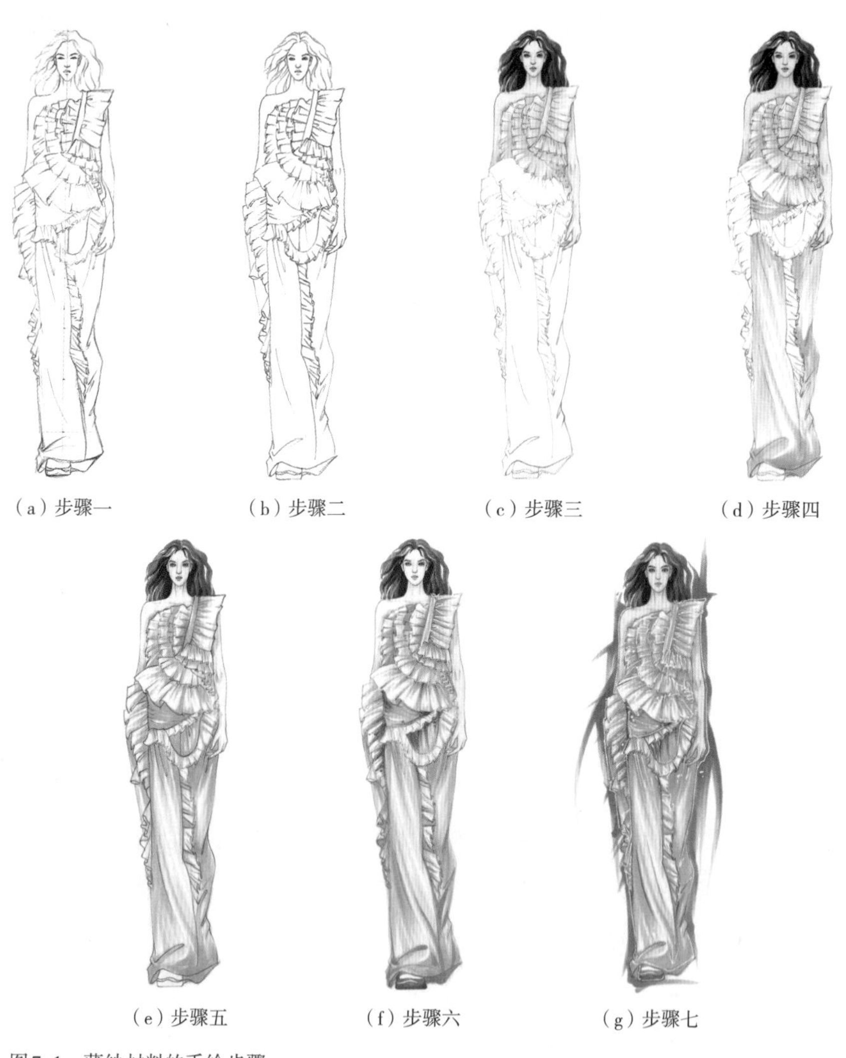

（a）步骤一　（b）步骤二　（c）步骤三　（d）步骤四

（e）步骤五　（f）步骤六　（g）步骤七

图7-1　薄纱材料的手绘步骤

（1）步骤一：绘制线稿，先用铅笔绘制人物着装动态线稿，线条勾画光滑、流畅，褶皱方向需要顺着服装结构的走向。

（2）步骤二：用勾线笔勾出所有人物及时装轮廓、内部结构线与褶皱线。

（3）步骤三：使用肤色马克笔绘制填充面部和人体皮肤的颜色，再使用深一号的肤色马克笔勾画出五官、脸部投影及腿部的暗面等。深入刻画人物五官，使用勾线笔加深强调眼睛的深邃感，提升面部立体度，增强妆感。用灰黑色马克笔沿着头发生长的方向填充头发，用深灰色马克笔做出头发的明暗关系。用浅粉色马克笔填充薄纱连衣裙，注意马克笔的笔触方向要与衣服动态走向一致，填充不需要过实，切忌反复涂抹，可以留部分空白以强调面料的轻薄质感。

（4）步骤四：用浅粉色为底色平铺薄纱裙，用深一号马克笔加深薄纱裙的暗部，注意薄纱裙轻薄的肌理质感，画暗部时注意线条的过渡自然，以此描绘出多层重叠后出现的透明感差异变化。

（5）步骤五：用深色马克笔勾勒出薄纱裙的褶皱层次感与内部结构关系，强化服装的结构，以便于进一步深入刻画细节，使画面立体感进一步加强。

（6）步骤六：使用勾线笔对服装的内部结构及人物细节进行深入刻画，注意线条的虚实关系。

（7）步骤七：绘制高光，使用白色高光笔依次勾画出头发、五官、薄纱裙以及靴子的亮面与反光，表现其光泽轻盈之感，注意薄纱的肌理质感效果。

（二）薄纱材料的电脑绘制步骤

薄纱材料的电脑绘制步骤如图7-2所示。

（a）步骤一　（b）步骤二　（c）步骤三　（d）步骤四　（e）步骤五

图7-2　薄纱材料的电脑绘制步骤

（1）步骤一：绘制线稿，根据人物动态绘制服装轮廓及内部结构线与褶皱线，线条流畅，褶皱方向需要顺着服装结构的走向。

（2）步骤二：使用填充工具对服装颜色进行基础填充，确定服装整体色调，调整服装局部的明度、对比度和纯度。

（3）步骤三：添加服装材料肌理，突出薄纱材料轻薄的质感，注意填充肌理时要与服装动态走向一致。

（4）步骤四：使用画笔工具强调薄纱裙的褶皱层次感与内部结构关系，增强服装的结构，以便于进一步深入刻画细节，使画面立体感进一步加强。

（5）步骤五：使用画笔工具对服装的内部结构及人物等细节进行深入刻画，强调薄纱裙的明暗关系，并注意整体服装的虚实关系。

二、蕾丝材料的表现技法

蕾丝材料精致、细腻、繁复、透气感强，又称花边材料。其用途非常广泛，各类礼服、女性内衣、家居服等都会加入一些漂亮的蕾丝花边元素，深受女性的喜爱。在服装设计中，蕾丝经常作为主料大面积应用在服装上，呈现出各种蕾丝花纹繁复图案，具有一定的神秘、浪漫的特点。在绘制蕾丝材料时，一般先用浅色大面积铺底色，再使用铅笔勾勒出蕾丝大致的图案。注意蕾丝具有镂空与通透的特点，在绘制时注意图案的位置关系与穿插关系，对纹样细节进行深入刻画。用合适颜色的勾线笔对蕾丝材料图案进行逐步深入刻画，再添加适当细节，呈现出整体的立体感，即可完成蕾丝材料的绘制。

（一）蕾丝材料的手绘步骤

蕾丝材料服装绘制步骤如图7-3所示。

（1）步骤一：绘制线稿，先用铅笔绘制人物着装动态线稿，再用铅笔勾画出蕾丝图案花纹，线条勾画光滑、流畅。

（2）步骤二：用勾线笔勾画出所有人物及服装轮廓、内部结构线，线条勾画光滑、流畅。

（3）步骤三：使用肤色马克笔绘制填充面部和腿部皮肤的颜色，再使用深一号的肤色马克笔勾画出五官、脸部投影及腿部的暗面等。深入刻画人物五官，使用勾线笔加深强调眼睛的深邃感，提升面部立体度，增强妆感。

（4）步骤四：用浅棕色马克笔沿着头发生长的方向填充头发，用深棕色马克笔做出头发的明暗关系。用浅色马克笔给服装铺层浅浅的底色，用浅灰色马克笔勾画蕾丝花纹图案、填充靴子，注意马克笔的笔触方向要与衣服动态走向一致。用深灰色马克笔加深鞋子的暗面。

（5）步骤五：用深一号马克笔加深蕾丝材料上的部分花纹图案，以此增加蕾丝材料花纹的立体感，强化服装的结构，用深灰色马克笔加深鞋子的暗面。注意蕾丝材料的肌理质感。

（6）步骤六：使用勾线笔对服装的内部结构及人物细节进行深入刻画，加深蕾丝材料的图案，强化服装的结构，进一步深入刻画细节，使画面立体感进一步加强。注意线条的虚实关系。

（7）步骤七：绘制高光，使用白色高光笔依次勾画出头发、五官、服装以及靴子的亮面与反光，表现其皮革的光滑平整以及蕾丝图案纹样的细节，注意蕾丝细节的刻画与肌理质感效果。

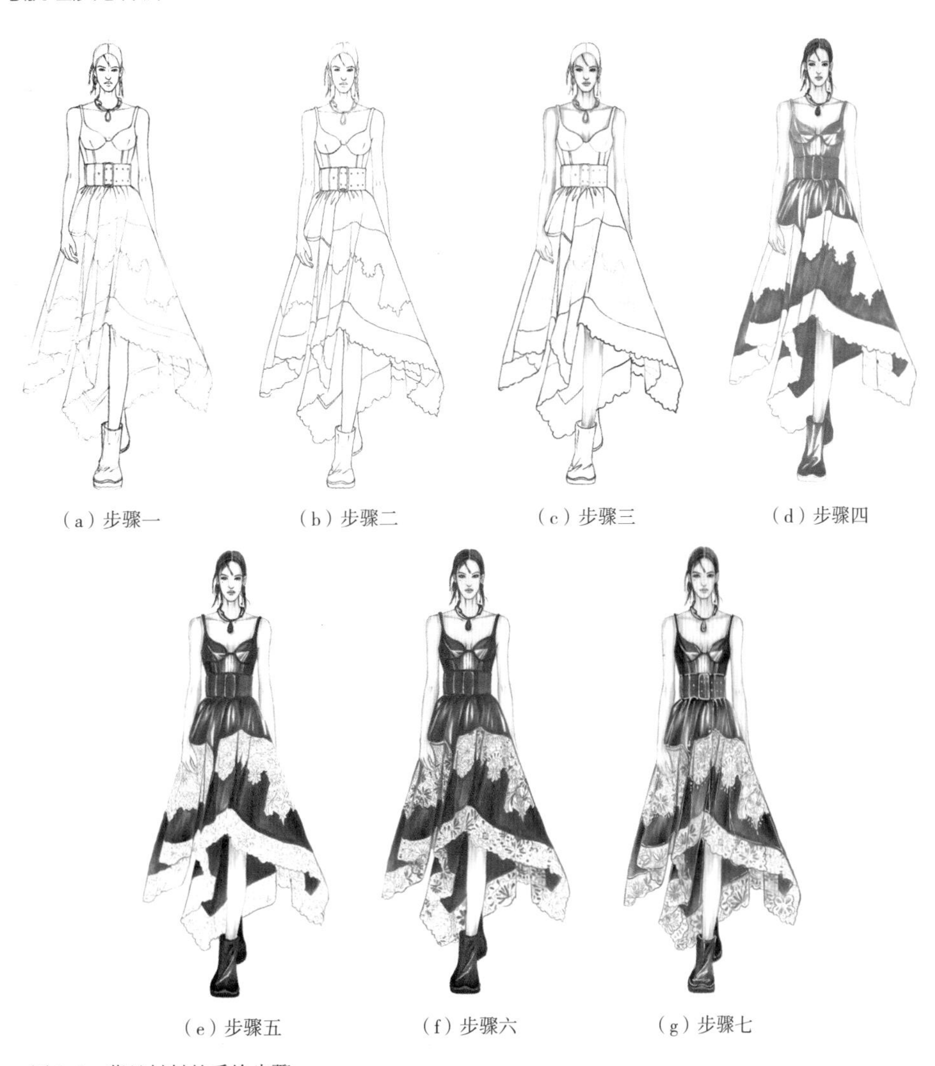

（a）步骤一　（b）步骤二　（c）步骤三　（d）步骤四

（e）步骤五　（f）步骤六　（g）步骤七

图7-3　蕾丝材料的手绘步骤

（二）蕾丝材料的电脑绘制步骤

蕾丝材料服装电脑绘制步骤如图7-4所示。

（1）步骤一：根据服装设计的风格挑选或拼贴出所需要的人物动态及人物形象，为绘制服装做基础准备。并且绘制线稿，根据人物动态绘制服装轮廓及内部结构线，线条流畅，服装结构方向需要顺着人体结构的走向。

（2）步骤二：使用填充工具对服装颜色进行基础填充，确定服装整体色调，调整服装局部的明度、对比度和纯度。

（3）步骤三：添加服装材料肌理，突出蕾丝材料轻薄的特征，注意填充肌理时要与服装动态走向一致。

（4）步骤四：加入服装设计的细节，使用画笔工具强调服装层次感与内部结构关系，增强服装的结构，进一步深入刻画细节，使画面立体感进一步加强。

（5）步骤五：使用画笔工具对服装的内部结构及人物等细节进行深入刻画，强调整体的明暗关系，并注意整体服装的虚实关系。

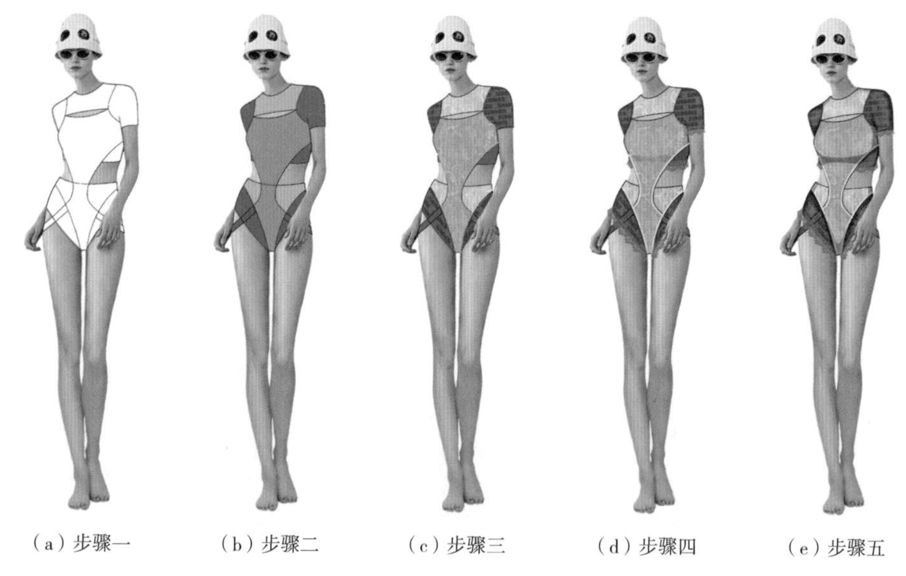

（a）步骤一　（b）步骤二　（c）步骤三　（d）步骤四　（e）步骤五

图7-4　蕾丝材料的电脑绘制步骤

三、聚氯乙烯PVC材料的表现技法

服饰中的PVC材料具有防霉、防水、材料较轻等特点，用途非常广泛。PVC材料表面光滑与反光的质感，深受时尚设计师的喜爱，被广泛应用在人造革服装、饰品、鞋履以及背包等各个领域。软质PVC大都具有良好的柔软性和防水性。人们日常生活中经常使用的雨衣、雨靴等很多都采用了PVC的设计，不仅满足了人们的实用需求，也增加了时尚质感。

（一）PVC材料的手绘步骤

PVC材料服装绘制步骤如图7-5所示。

（1）步骤一：绘制线稿，先用铅笔绘制人物着装动态线稿，线条勾画光滑、流畅，褶皱方向需要顺着服装结构的走向。

（2）步骤二：用勾线笔勾出所有人物及服装轮廓、内部结构线与褶皱线。

（3）步骤三：使用肤色马克笔绘制填充面部和脚部皮肤的颜色，再使用深一号的肤色马克笔勾画出五官、脸部投影及暗面等。深入刻画人物五官，使用勾线笔加深强调

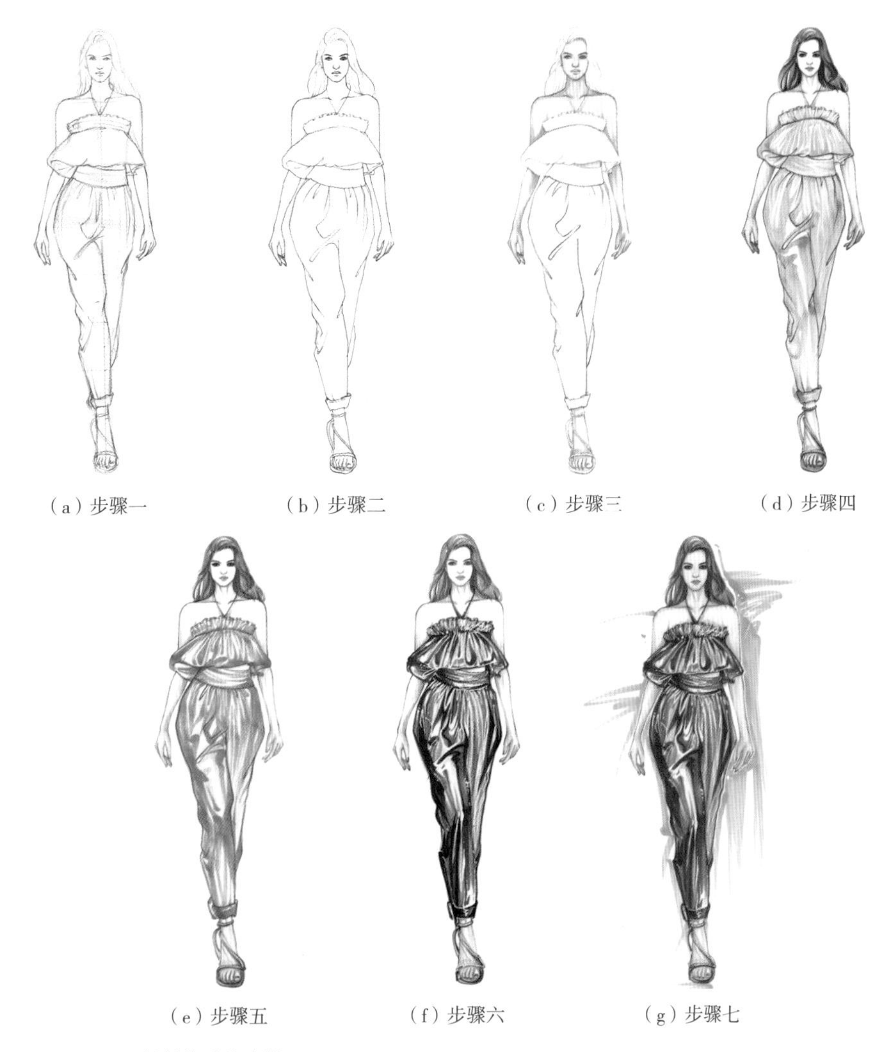

（a）步骤一　（b）步骤二　（c）步骤三　（d）步骤四

（e）步骤五　（f）步骤六　（g）步骤七

图7-5　PVC材料的手绘步骤

眼睛的深邃感，提升面部立体度，增强妆感。

（4）步骤四：用浅棕色马克笔沿着头发生长的方向填充头发，用深棕色马克笔做出头发的明暗关系。用浅灰色马克笔填充PVC材料服装底色，留出褶皱高光部分，浅灰色马克笔填充靴子，注意马克笔的笔触方向要与衣服动态走向一致。

（5）步骤五：用深一号马克笔加深PVC材料服装的明暗变化，用深灰色马克笔加深鞋子的暗面。注意服装的光滑、反光的肌理质感，画暗部时色调的过度自然。

（6）步骤六：用深色马克笔勾勒出PVC材料服装的褶皱处层次感，强化服装的结构，以便于进一步深入刻画细节，使画面立体感进一步加强。使用勾线笔对服装的内部结构及人物细节进行深入刻画，注意线条的虚实关系。

（7）步骤七：绘制高光，使用白色高光笔依次勾画出头发、五官、PVC材料的反光以及靴子的亮面与反光，可以适当添加环境色，表现其光滑顺畅的质感效果。

（二）PVC材料的电脑绘制步骤

PVC材料服装电脑绘制步骤如图7-6所示。

（1）步骤一：根据服装设计的风格，挑选或拼贴出所需要的人物动态及人物形象，为绘制服装做基础准备。并且绘制线稿，根据人物动态绘制服装轮廓及内部结构线与褶皱线，线条光滑、流畅，褶皱方向需要顺着服装结构的走向。

（2）步骤二：使用填充工具对服装颜色进行基础填充，确定服装整体色调，调整服装局部的明度、对比度和纯度。

（3）步骤三：添加服装材料肌理，突出PVC材料的质感，注意填充肌理时要与服装动态走向一致。

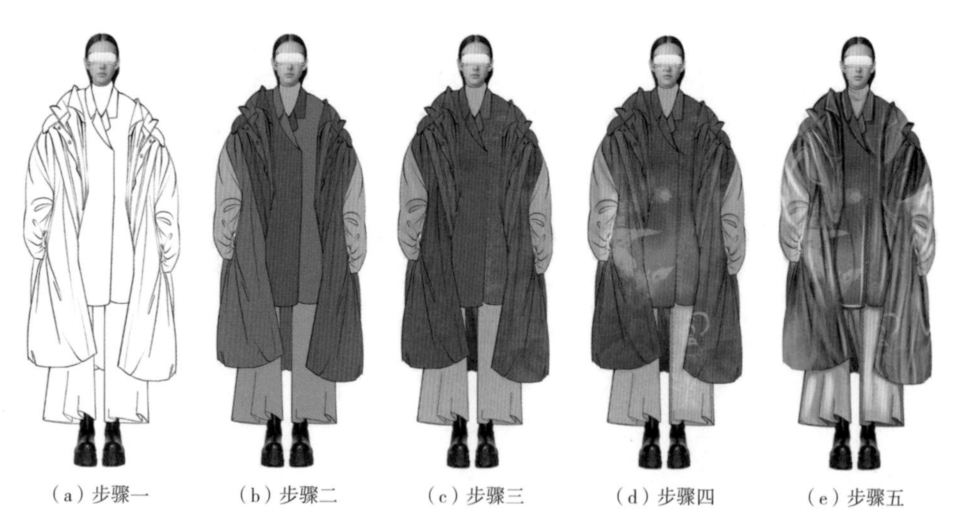

（a）步骤一　（b）步骤二　（c）步骤三　（d）步骤四　（e）步骤五

图7-6　PVC材料的电脑绘制步骤

（4）步骤四：在服装上填充设计图案，调整图案与服装之间的关系，使用画笔工具强调服装的褶皱层次感与内部结构关系，增强服装的结构，使画面立体感进一步加强。

（5）步骤五：使用画笔工具对服装的内部结构及人物等细节进行深入刻画，强调PVC材料服装的明暗关系，并注意整体服装的虚实关系。

四、羽绒服材料的表现技法

羽绒服填充材料具有蓬松、柔软、保暖等特点，是利用羽毛、棉絮等材料作为填充物而制成的材料。羽绒服材料通常外轮廓厚实饱满，衣纹变化较小，一般主要是鼓泡、绗缝、光泽度等方面的塑造。在绘制羽绒服材料时，需要注意鼓泡部分的透视变化，刻画出鼓泡的蓬松感，同时注意每块凸起泡鼓的明暗变化与颜色的柔和过渡效果。

（一）羽绒服材料的绘制步骤

羽绒服材料服装绘制步骤如图7-7所示。

（1）步骤一：绘制线稿，先用铅笔绘制人物着装动态线稿，线条勾画光滑、流畅，褶皱方向需要顺着服装结构的走向。

（2）步骤二：用勾线笔勾出所有人物及服装轮廓、内部结构线与褶皱线。

（3）步骤三：使用肤色马克笔绘制填充面部皮肤的颜色，再使用深一号的肤色马克笔勾画出五官、脸部投影及腿部的暗面等。深入刻画人物五官，使用勾线笔加深强调眼睛的深邃感，提升面部立体度，增强妆感。用灰黑色马克笔沿着头发生长的方向填充头发，用深色马克笔做出头发的明暗关系。用浅蓝色马克笔填充羽绒服底色，顺着鼓泡的结构走向，浅灰色马克笔填充靴子，注意马克笔的笔触方向要与衣服动态走向一致。

（4）步骤四：用深一号马克笔做出羽绒服的蓬松起伏变化，沿着褶皱扫笔表现，用深灰色马克笔加深鞋子的暗面。注意羽绒服起伏弧度的技法表现，画暗部时注意线条的过渡自然。

（5）步骤五：用深色马克笔勾勒出羽绒服内部结构关系，强化服装的结构，以便于进一步深入刻画细节，使画面立体感进一步加强。

（6）步骤六：使用勾线笔对服装的内部结构及人物细节进行深入刻画，注意线条的虚实关系。

（7）步骤七：绘制高光，使用白色高光笔依次勾画出头发、五官、羽绒服以及靴子的亮面与反光，表现其饱满丰盈的肌理质感效果。

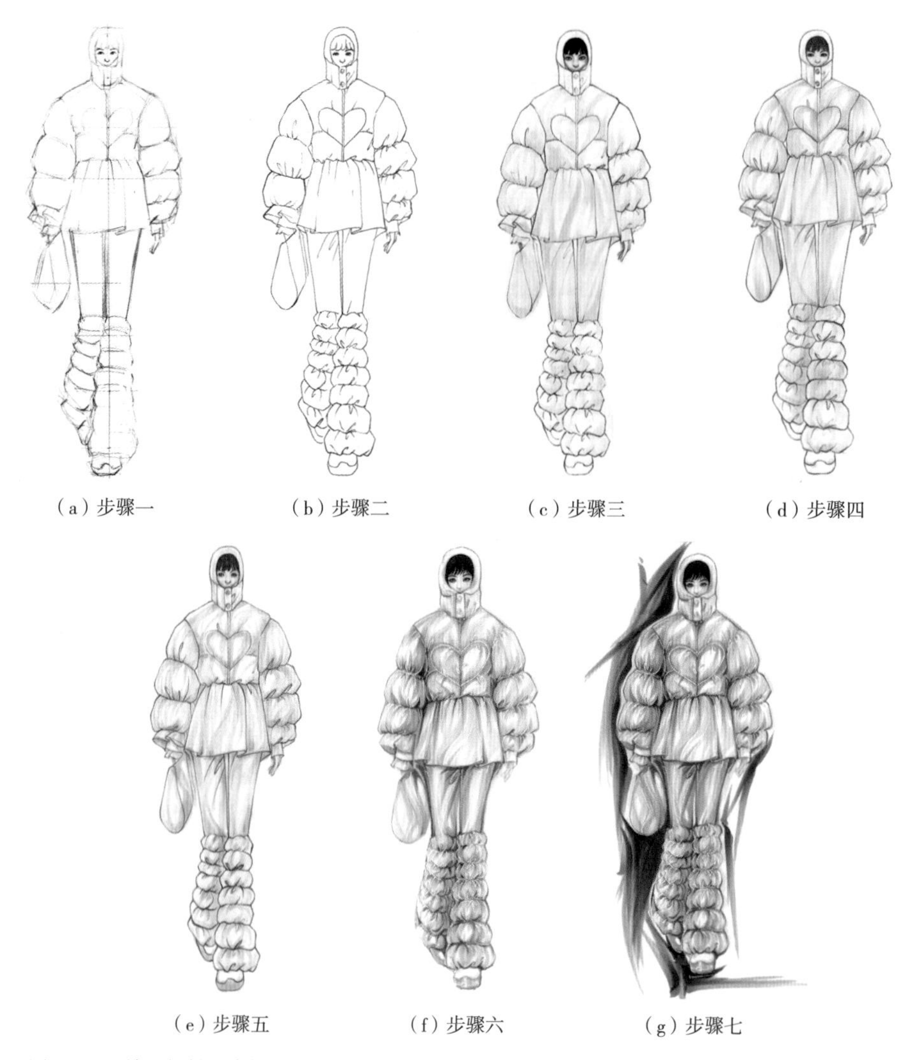

（a）步骤一　（b）步骤二　（c）步骤三　（d）步骤四

（e）步骤五　（f）步骤六　（g）步骤七

图7-7　羽绒服材料的绘制步骤

（二）羽绒服材料的绘制步骤

羽绒服材料服装电脑绘制步骤如图7-8所示。

（1）步骤一：根据服装设计的风格挑选或拼贴出所需要的人物动态及人物形象，为绘制服装做基础准备。并且绘制线稿，根据人物动态绘制服装轮廓及内部结构线与褶皱线，线条流畅，褶皱方向需要顺着服装结构的走向。

（2）步骤二：使用填充工具对服装颜色进行基础填充，确定服装整体色调，调整服装局部的明度、对比度和纯度。

（3）步骤三：添加服装材料肌理，突出羽绒服材料的质感，注意填充肌理时要与服装动态走向一致。

（4）步骤四：在服装上填充设计图案，调整图案与服装之间的关系，使用画笔工具强调服装的褶皱层次感与内部结构关系，增强服装的结构，以便于进一步深入刻画细节，使画面立体感进一步加强。

（5）步骤五：使用画笔工具对服装的内部结构及人物等细节进行深入刻画，强调羽绒服装的明暗关系，并注意整体服装的虚实关系。

（a）步骤一　（b）步骤二　（c）步骤三　（d）步骤四　（e）步骤五

图7-8　羽绒服材料的电脑绘制步骤

五、印花材料的表现技法

印花材料的服装视觉效果和谐统一、大方自然，通常具有一定的个性化图案风格。印花材料的应用非常广泛，印花图案是时装画整体表现的一部分，它对于服装的整体调性有一定的影响。服饰图案包括苏格兰条纹、迷彩纹样、花卉纹样、动物纹样等。花卉图案包括抽象图案与具象图案，在服装设计中的应用很多；经典的条纹图案永不过时，具有很强的体积感，条纹的疏密搭配具有丰富的变化；另外，动物图案包括流行的豹纹、斑马纹等，其表现技法也多种多样，一般主要是以纹样造型与配色的相互配合来共同塑造完成表现效果。在绘制印花图案服装时，要注意印花图案与时装画整体风格的协调，并且印花图案大小应符合人体的结构比例与动态起伏，随着人体动态产生一定的透视变化。应注意印花材料中底色的铺垫与图案的层次表现。

（一）印花材料的绘制步骤

印花材料服装绘制步骤如图7-9所示。

（1）步骤一：绘制线稿，先用铅笔绘制人物着装动态线稿，线条勾画光滑、流畅，褶皱方向需要顺着服装结构的走向。

（2）步骤二：用勾线笔勾出所有人物及服装轮廓、内部结构线与褶皱线。

（3）步骤三：使用肤色马克笔绘制填充面部和腿部皮肤的颜色，再使用深一号的肤色马克笔勾画出五官、脸部投影及腿部的暗面等。深入刻画人物五官，使用勾线笔加深强调眼睛的深邃感，提升面部立体度，增强妆感。用浅棕色马克笔沿着头发生长的方向填充头发，用深棕色马克笔做出头发的明暗关系。

（4）步骤四：用浅黄色马克笔填充服装和鞋子底色，注意留出印花图案的部分。

（5）步骤五：绘制印花图案的色彩，用红色马克笔填充部分图案，用深红色马克笔勾勒出图案的细节层次感，继续强化服装的结构，以便于进一步深入刻画细节，使画面立体感进一步加强。注意色彩配搭的和谐统一。

（6）步骤六：用黑色马克笔填充服装图案的黑色细节部分，使用勾线笔对服装的内

（a）步骤一　（b）步骤二　（c）步骤三　（d）步骤四

（e）步骤五　（f）步骤六　（g）步骤七

图7-9　印花材料的绘制步骤

部结构及人物细节进行深入刻画，注意线条的虚实关系。

（7）步骤七：绘制高光，使用白色高光笔依次勾画出头发、五官、印花图案以及靴子的亮面，强化印花图案的肌理质感效果。

（二）印花材料的绘制步骤

印花材料服装绘制步骤如图7-10所示。

（1）步骤一：根据服装设计的风格挑选或拼贴出所需要的人物动态及人物形象，为绘制服装做基础准备。并且绘制线稿，根据人物动态绘制服装轮廓及内部结构线与褶皱线，线条流畅，褶皱方向需要顺着服装结构的走向。

（2）步骤二：使用填充工具对服装颜色进行基础填充，确定服装整体色调，调整服装局部的明度、对比度和纯度。

（3）步骤三：添加服装材料肌理，突出印花材料的质感，注意填充肌理时要与服装动态走向一致。

（4）步骤四：在服装上填充设计图案，调整图案与服装之间的关系，使用画笔工具强调服装的褶皱层次感与内部结构关系，增强服装的结构，以便于进一步深入刻画细节，使画面立体感进一步加强。

（5）步骤五：使用画笔工具对服装的内部结构及人物等细节进行深入刻画，强调印花服装的明暗关系，并注意整体服装的虚实关系。

（a）步骤一　（b）步骤二　（c）步骤三　（d）步骤四　（e）步骤五

图7-10　印花材料的绘制步骤

六、针织材料的表现技法

针织材料手感柔软、温暖，穿着舒适得体，具有良好的贴合人体、弹性功能。针织材料形态有很多，按照外观形态可以分为两类，一类是细软针织物，轻薄、富有弹性；

另一类是粗针编织物，结构凹凸、风格粗犷。针织材料的纹理结构清楚、组织明显，针织图案根据材料的组织纹理而织成，透气性较好，多应用于春秋季。在绘制针织材料时，主要突出材料的花纹纹理变化，如罗纹、拧花、钩花等，不需要刻画过于精细，可总结概括地画出纹理的特点并表现出纹理的变化，注意人体的关节转折产生的褶皱起伏。从画面整体效果绘制针织图案及立体效果，使它们产生真实的纹理效果。

（一）针织材料的绘制步骤

针织材料服装绘制步骤如图7-11所示。

（1）步骤一：绘制线稿，先用铅笔绘制人物着装动态线稿，线条勾画光滑、流畅，褶皱方向需要顺着服装结构的走向。

（a）步骤一　（b）步骤二　（c）步骤三　（d）步骤四

（e）步骤五　（f）步骤六　（g）步骤七

图7-11　针织材料的绘制步骤

（2）步骤二：用勾线笔勾出所有人物及服装轮廓、内部结构线与褶皱线。

（3）步骤三：使用肤色马克笔绘制填充面部和腿部皮肤的颜色，再使用深一号的肤色马克笔勾画出五官、脸部投影及腿部的暗面等。深入刻画人物五官，使用勾线笔加深强调眼睛的深邃感，提升面部立体度，增强妆感。

（4）步骤四：用浅灰色马克笔沿着头发生长的方向填充头发，用深灰色马克笔做出头发的明暗关系。并用灰黑色马克笔绘制帽子的明暗关系，注意帽子的褶皱方向的表现。

（5）步骤五：用浅色马克笔铺好针织服装的底色，注意马克笔的笔触方向要与衣服动态走向一致，填充不需要过实，切忌反复涂抹，可以留部分空白以强调材料的轻薄质感。用深一号马克笔刻画针织的纹理质感。在绘制时，注意针织纹理的纹路表现，以此描绘出织物的细节肌理与凹凸感。

（6）步骤六：使用勾线笔对服装的内部结构及人物细节进行深入刻画，注意线条的虚实关系。用深色马克笔强化针织服装的褶皱层次感与内部结构关系，强化服装的结构，进一步深入刻画细节，使画面立体感进一步加强。

（7）步骤七：绘制高光，使用白色高光笔依次勾画出头发、五官、针织材料的纹理以及靴子的亮面与反光，表现针织纹理的肌理质感效果。

（二）针织材料的电脑绘制步骤

针织材料服装电脑绘制步骤如图7-12所示。

（1）步骤一：根据服装设计的风格挑选或拼贴出所需要的人物动态及人物形象，为绘制服装做基础准备。并且绘制线稿，根据人物动态绘制服装轮廓及内部结构线与褶

（a）步骤一　（b）步骤二　（c）步骤三　（d）步骤四　（e）步骤五

图7-12　针织材料的电脑绘制步骤

皱线，线条流畅，褶皱方向需要顺着服装结构的走向。

（2）步骤二：使用填充工具对服装颜色进行基础填充，确定服装整体色调，调整服装局部的明度、对比度和纯度。

（3）步骤三：添加服装材料肌理，突出针织材料的质感，注意填充肌理时要与服装动态走向一致。

（4）步骤四：在服装上填充设计图案，调整图案与服装之间的关系，使用画笔工具强调服装的褶皱层次感与内部结构关系，增强服装的结构，以便于进一步深入刻画细节，使画面立体感进一步加强。

（5）步骤五：使用画笔工具于服装的内部结构及人物等细节进行深入刻画，强调针织服装的明暗关系，并注意整体服装的虚实关系。

七、裘皮材料的表现技法

裘皮材料具有蓬松、层次变化丰富、体积感强等特点。由于裘皮材料保暖性好，常用于制作大衣、披肩、围巾等。因裘皮材料的毛皮长短、曲直变化、粗细度和软硬度的不同，其所表现的外观效果也各异，因此在绘制裘皮质感时，应注意线条的力度，长毛流画长线，短毛流用短线、点线搭配表现，主要以突出皮毛层次变化为重点来塑造皮毛的体积效果。在绘制过程中，从毛皮的结构和走向入手，皮毛的整体方向顺着基本结构走向，表现时线条可以尽量体现随意、慵懒自然之感，避免线条过于规整而使画面显得死板。适当利用高光来凸显皮毛的毛绒质感，可以使其更具有立体感与层次感。

（一）裘皮材料的手绘步骤

裘皮材料服装绘制步骤如图7-13所示。

（1）步骤一：绘制线稿，用铅笔绘制人物着装动态线稿，裘皮线条不需要过实，需要顺着皮毛结构的走向绘制。

（2）步骤二：用勾线笔勾出所有人物及服装轮廓、内部结构线与褶皱线。

（3）步骤三：使用肤色马克笔绘制填充面部和腿部皮肤的颜色，再使用深一号的肤色马克笔勾画出五官、脸部投影及腿部的暗面等。深入刻画人物五官，使用勾线笔加深强调眼睛的深邃感，提升面部立体度，增强妆感。

（4）步骤四：用浅棕色马克笔沿着头发生长的方向填充头发，用深棕色马克笔做出头发的明暗关系。用浅色马克笔铺第一层皮草的底色，并适当留白，浅灰色马克笔填充靴子，注意马克笔的笔触方向要与衣服动态走向一致。

（5）步骤五：用深一号马克笔刻画第二层皮草的皮毛纹理，用深灰色马克笔加深鞋子的暗面。注意皮毛的肌理质感表现，画第二层皮草时注意皮毛的过渡自然。用深色马克笔勾勒出皮毛的层次感，并绘制出服装内衬的豹纹纹理质感，使画面立体感进一步加强。

（6）步骤六：进一步深入刻画皮毛的毛流质感细节，对服装的内部结构及人物细节进行深入刻画，注意线条的虚实关系。

（7）步骤七：绘制高光，使用白色高光笔依次勾画出头发、五官、皮毛以及靴子的亮面与反光，进一步加强裘皮材料的毛流肌理质感效果。

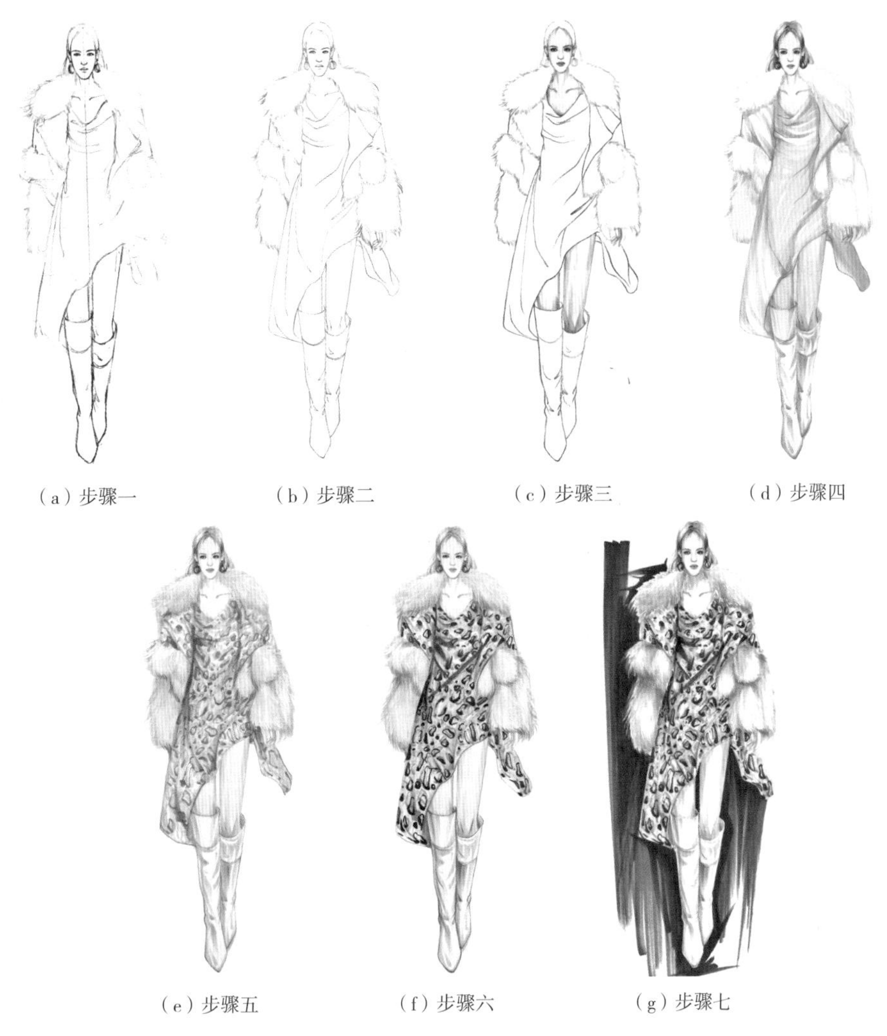

图7-13　裘皮材料的手绘步骤

（二）裘皮材料的电脑绘制步骤

裘皮材料服装电脑绘制步骤如图7-14所示。

（1）步骤一：根据服装设计的风格挑选或拼贴出所需要的人物动态及人物形象，

为绘制服装做基础准备。并且绘制线稿，根据人物动态绘制服装轮廓及内部结构线与褶皱线，线条流畅，褶皱方向需要顺着服装结构的走向。

（2）步骤二：使用填充工具对服装颜色进行基础填充，确定服装整体色调，调整服装局部的明度、对比度和纯度。

（3）步骤三：添加服装材料肌理，突出裘皮材料的质感，注意填充肌理时要与服装动态走向一致。

（4）步骤四：在服装上填充设计图案，调整图案与服装之间的关系，使用画笔工具强调服装的褶皱层次感与内部结构关系，增强服装的结构，以便于进一步深入刻画细节，使画面立体感进一步加强。

（5）步骤五：使用画笔工具对服装的内部结构及人物等细节进行深入刻画，强调裘皮服装的明暗关系，并注意整体服装的虚实关系。

（a）步骤一　（b）步骤二　（c）步骤三　（d）步骤四　（e）步骤五

图7-14　裘皮材料的绘制步骤

八、其他材料的表现技法

服装材料的种类多种多样，不同材料的特点与质感表现也各不相同。除了上述的服装材料类型外，还包括牛仔材料、亮片材料、皮革材料、毛呢材料、刺绣工艺材料等，例如，格纹材料绘制技法，格纹材料大致可以分为五个类型：千鸟格、苏格兰格、维希格、窗格、威尔士亲王格。绘制格纹材料的难点在于格纹图案要与衣服的褶皱配合，利用深浅颜色的笔触叠加来表现格纹相互交叉的重叠部分的状态，如图7-15所示。皮革材料绘制技法，皮革材料一般都是比较硬挺的材料，颜色对比度比较高，所以明暗对比会很强，尤其是皮革材料的高光边缘形状非常明显，在绘制时需要注意线条硬度与反光的质感效果，如图7-16所示。激光材料绘制技法，镭射材料的绘制要点在于丰富的色彩和层次关系，在整体中强化细节的对比，把金属的光泽质感表现出来，如图7-17所示等。在不同的材料上，时装画绘制的技法表现各异。

图7-15　格纹面料的绘制

图7-16　皮革面料的绘制

图7-17　激光面料的绘制

时装画的类型也可以分为一般的时装效果图和时装艺术插画，使画面呈现出的不同形式的艺术效果，它是服装设计师在设计或创作过程中的个人理解与艺术表达形式。时装画效果图主要应用于服装设计当中，时装画效果图不仅能表现服装设计的款式与设计传达，同时具有很强的艺术性和审美性。时装画可反映服装的艺术风格、穿着者的个性气质，以及营造模特着装后的视觉效果氛围。而时装插画是基于对服装造型的把握，通过个人的艺术处理手法体现画面艺术性和个性。以前卫先锋的时尚态度向人们传达艺术观念与时尚美感，更注重艺术性表达与色彩视觉冲击力，引人注目，其常常用于时装报刊、海报、时尚预告或发布会中，具有较高的艺术欣赏性。

第三节　经典案例鉴赏

几个世纪以来，艺术家从服装与面料中获取灵感，描绘最新的潮流时装，不仅宣传服装本身，还宣传服装制作者。早在17世纪时，时装画就极具表现力，同时也是时装画的起源。本节将对国外与国内时装画的经典案例进行鉴赏，可吸取发掘不同时装画中的魅力与技法，学习对服装材料的表达形式。

一、外国时装画案例鉴赏

图7-18是西班牙画师阿图罗·艾林纳（Arturo Elena）的时装画作品，他的作品在全球最顶尖的刊物上发表，并且雄霸*VOGUE*杂志20多年，是当今西方时装摄影界里首屈一指的风格主义大师。他的作品善于用独特的思维重新演绎时装，他笔下的人物纤细妖媚、造型夸张，极具骨感美。着色大胆，对比强烈，并且写实感强，具有冲击性的视觉效果。对皮草材料的绘制相当生动，展现出其蓬松的毛绒感，也与其他材质形成鲜明的对比。

图7-18 阿图罗·艾林纳时装画作品

图7-19是保罗·波烈（Paul Poiret）在1908年的时装画作品，他是当时极富影响力的艺术家，更被称为时尚插画之父，其版画的线条与色彩的搭配亦反过来启发波烈的服装设计。这幅作品使用了波切尔喷绘印制的手法呈现，大胆地采用了全背影的形式来表现波莱特设计的戏剧化晚装，第一件衣服上带有东方主题的刺绣，第二件在肩部镶有圆齿型的编织装饰，第三件则有豪华的毛皮镶边，主要使用线条来表达当时服装在人体身上的穿着状态和材质之间的不同。

图7-19 保罗·波烈时装画作品

图7-20是J.C.雷恩德克（Joseph Christian Leyendecker）的

图7-20　J.C.雷恩德克时装画作品

图7-21　芮内·格鲁奥时装画作品

图7-22　诺曼·哈特内尔时装画作品

时装画作品，他是20世纪杰出的美国时尚先锋插画师之一，这是他为箭牌时装公司创作的广告招贴。这幅时装插画包含了当时两种服装主流趋势，一种是僵硬的竖领以及笔挺的男性衬衫，另一种是带有特色花纹刺绣的披肩，也是20世纪20年代最受女士们的欢迎的服装款式。对于披肩的材质表达巧妙，通过模特的形体动态展示出披肩上华丽的花卉图案以及周围的编织流苏花边。

图7-21是芮内·格鲁奥（Rene Gruau）的时装画作品，他是全世界最具有影响力的时尚插画师，许多作品分别被巴黎卢浮宫、意大利的Blank等艺术博物馆珍藏，这是他为《职场》（*L'Officiel*）杂志所作的克里斯汀·迪奥女装原创插画。芮内·格鲁奥的插画作品在20世纪50年代的高档时装杂志领域占据了主流地位，他凭借果敢且富于形式感的线条，营造出充满戏剧色彩的画面效果。作品中选用楼梯转角作为场景，塑造出一个精致、高雅的女性形象，对绸缎面料的表达也体现出当时女装的高品质感。

图7-22是诺曼·哈特内尔（Norman Hartnell）爵士的时装画作品，他为皇室时装设计工作了40余年，并为皇室成员塑造了许多经典的高贵形象。作品是为英国女王伊丽莎白二世的加冕礼服而作，他充分运用了他的舞台服装设计经验，使得女王的加冕礼服熠熠生辉。时装画的绘制也着重表达出这套白色绸缎礼服的材质，以及上面嵌满的钻石珠宝，服装中图案的设计象征着王国疆域领土的鲜花，让画面整体更具鲜明的层次和丰富的节奏，既华丽又不失细节。

二、中国时装画案例鉴赏

图7-23是中国美术学院设计艺术学院吴海燕教授的时装画作品，作品中绘制的服装材料为非纺织品材料，以纸张和报纸为主进行设计。整体采用勾线笔与

水彩来表现，将纸张硬挺、无垂感的质感表现得当，其中还增加了纸张的编织设计，服装总体的设计与绘制别出心裁，具有创意。

图7-24是中国美术学院设计艺术学院吴海燕教授的时装画作品，作品中分别绘制了四套系列服装，其中由较有垂感的面料与具有中华民族元素图案进行设计，细节上添加了包含编织肌理的配饰，如帽子、手环、灯笼等。构图上突出强调了主设计款式，整体有着很强的视觉冲击效果。

图7-25是中国第一届十佳时装设计师张肇达的时装画作品，他设计的服装具有现代、舒适、华丽、精致而不失典雅的气息，让人感到其中的气度不凡，充满了艺术感染力。作品中绘制的礼服线条自由奔放，服装主体以薄纱材质为主，裙子层次分明，整体独具个人特色与东方魅力。

图7-26是东华大学服装与艺术设计学院刘晓刚教授的时装画作品，作品中叙述着作者对服装的见解和对时尚的诠释，使用了马克笔与水彩来呈现画面，表达了裙子中运用的羽毛和绸缎材质，将线条、色彩、动态和时尚、风格、韵味揉捏在一起，总体神形兼备，干练而不失细节表达。

图7-23 吴海燕教授的时装画作品一

图7-24 吴海燕教授的时装画作品二

图7-27是中国台湾地区时装画家萧本龙大师的时装画作品，作品中线条简洁、干练、流畅，使用了铅笔、水彩与马克笔的形式结合表现。特别是注重面料之间的材质对比，例如衬衫与西装外套的材质表现技法完全不同，作者细致地描绘了西装面料的主要纹理，也增添了画面的丰富度与层次感。

图7-25　张肇达大师的时装画作品

图7-26　刘晓刚教授的时装画作品

图7-27　萧本龙大师的时装画作品

本章小结

时装画中的材料是服装材料的肌理与质感的表现状态，不同的时装材料有不同的质感特征，表现手法也不相同，准确地把握不同材料的质感特征，能够掌握对于服装整体设计的把控。不同材料的衣纹肌理与质感的外观特征是表现不同材料效果的主要途径，材料的表现直接关系到画面整体效果的传达。

常见服装材料包括针织材料、毛呢材料、皮革材料、裘皮材料、真丝材料、牛仔材料、薄纱材料，以及棉衣、羽绒服材料等。在时装画中表现不同材料的特征时不需要写实表现，可提取与运用材料的主要特征，只要达到不同材料的表现效果即可。服装材料质感表现多样化，不易准确掌握，需要将服装造型与服装材料特点、艺术表现风格完美结合，展现出时装画的风格及美感。因此，初学者需反复学习与实践，才能达到好的效果。

思考题

1. 时装材料的分类和特点是什么?

2. 时装画中不同材料的肌理与表现状态有何不同?

作业

1. 绘制三种不同材料的时装画效果图。

2. 多搜集不同材料的秀场图片，加深对不同材料质感的理解。

3. 多观察不同材料服装的照片，分析它的材料特征与技法，绘制几张面料效果图小稿。

第八章
时装画作品鉴赏与解析

课程名称：时装画作品鉴赏与解析

课题内容：时装画作品的完整绘制效果图展示与解析

课题时间：10课时

教学目的：使学生学会赏析不同的时装画效果图的表现形式与效果，通过更多的时装画效果图案例展示来学习更多不同技法与风格。

教学方式：教师授课赏析，与学生共同讨论。

教学要求：1. 赏析大师时装画的不同风格与表现手法，丰富个人眼界，拓宽思维。
2 通过不同的时装画类型的效果图案例解析，学习不同的手绘表现技法。
3. 在大量时装画作品的鉴赏与解析中，提高自己的审美感受。

课前（课后）准备：查阅了解时装画的历史与发展，了解不同的时装画风格的形成与发展变化。

任何艺术创作的表达和灵感的寄托，其实都离不开基础的支撑，时装画也是如此。只有多看优秀的时装画作品，我们才能创作出更多优秀的时装画作品。当面对一件时装画作品时，第一要看作品的作者和年代，要知道这件作品所刻画、表达的内容，以及这个内容产生的社会背景，因为社会背景决定了作者如何构思创作这件作品；第二要看作品的艺术风格，可以适当查阅美术史料，对此类艺术风格做些研究查考，初步掌握这种风格的特点和形成方式，为今后再次看见此类风格艺术作品做好准备；第三要看作品的内容以及作品中的形象是如何在某种艺术风格中进行统一刻画的，在艺术造型方面有何优缺点。结合以上研究，可对该时装画作品有一个相对较为整体的认识。下面我们通过鉴赏与解析大师作品、手绘时装画作品以及数码时装画作品的百余幅佳作，开阔视野，提高艺术鉴赏能力，增长时装知识，从而逐步提高时装画的创作能力。

第一节　大师时装画作品鉴赏

时装画发展至今，国内外涌现许多优秀且各具风格的时装画大师，本节将对国内外大师作品进行赏析，其中包括国外的乔尼尔・博蒂尼（Glovanni Boldini）、伯纳特・博罗萨克（Bernard Blossac）、艾迪安娜・德黑岩（Etienne Drian）、托尼・维拉蒙特（Tony Viramontes）、矢岛功和国内的刘元风、吴海燕、刘晓刚、张肇达、萧本龙十位大师的作品。学生可以从大师作品的风格、表现技法、配色、材料表现等方面深入学习，也可将其作为临摹范本进行绘制练习，从而提升自身对时装画的审美与绘制技巧。

一、外国大师作品

（一）乔尼尔・博蒂尼（Giovanni Boldini）

图8-1所示作品是法国艺术家乔尼尔・博蒂尼的时装画作品，主要使用油画工具绘制，但是又不拘泥于传统的学院派，在绘画过程中不断突破创新。他是19世纪末的卓越社会肖像画家，也被誉为“时髦大师”，他注重色彩和技巧的运用，作品中洋溢着热情、生动，笔触自由多变，富有戏剧性和活力，对服装的款式结构表达清晰自然，画面中的人物也反映出19世纪所特有的乐观、魅力和自信。总体构图饱满且具有可被感知的活力和十足的张力。

图8-2所示时装画作品由一男一女的跳舞画面构成，大胆地使用女性的后背作为画

面的主导，在构图上尤为创新。色彩与笔触的使用细腻而精致，很好地表达出服装的面料质感，女士的礼服由透明纱和绸缎面料制作而成，同时也反映出当时高档礼服精湛、高超的工艺技术。

（二）伯纳特·博罗萨克（Bernard Blossac）

图8-3所示作品是法国时装画大师伯纳特·博罗萨克的时装画作品。他深受新艺术风格影响，是个多元发展的插画家，画风随性又立体。作品中线条优美得体、简洁流畅地勾勒出女子慵懒、优雅的背影，腿部线条更是一笔带过，这样的呈现方式引发人的共鸣与想象。透明干净的色彩为画面注入了优美、静谧的一抹亮点。

图8-4所示时装画作品，作者进行创作时格外注意模特的姿态和表情，主张刻画优雅的女性肖像，强调画面的线条。其中笔触轻快精准，线条表达干练，人物动态和形体到位，体现出作者绘制时敏锐、独到的观察力。

图8-1　乔尼尔·博蒂尼时装画作品一

图8-2　乔尼尔·博蒂尼时装画作品二

图8-3　伯纳特·博罗萨克时装画作品一

图8-4　伯纳特·博罗萨克时装画作品二

（三）艾迪安娜·德黑岩（Etienne Drian）

图8-5所示作品是法国时装艺术家艾迪安娜·德黑岩的时装画作品。他在时装插画的历史上占有独一无二的位置，是“一战”前的伟大设计师。他的创作大多数来源于生活，绘画的场景多为生活中的角落，而画面中的模特都格外优雅大方，无论是其神态、姿态还是服装。作者喜爱使用黑色与红色来突出或是衬托主体，极具个人风格和辨识度，也是对时装画的大胆尝试。

EN SUIVANT LES OPÉRATIONS

LE COMMUNIQUÉ

BOUQUET TRICOLORE

LA MARSEILLAISE

图8-5　艾迪安娜·德黑岩时装画作品一

图8-6所示时装画作品，作者绘制的线条流畅且恰当、疏密有致，可见其精湛的绘画功底与敏感的控制力。观者能在线条与动态中感受到服装的自然美与流动美，这也是作者不断探寻线条内在可能性的表达，既干净又纯粹。

图8-6　艾迪安娜·德黑岩时装画作品二

（四）托尼·维拉蒙特（Tony Viramontes）

图8-7所示作品是美国时装画大师托尼·维拉蒙特的时装画作品。他是时装画发展史中的一位重要人物，对时尚有其独特的认知，并且执着于时装画的创作，努力让作品趋于完美。他的作品完美地捕捉到了20世纪80年代的社会风尚以及时尚的精髓，乃至影响着21世纪时装画的发展。这幅作品构图十分大胆，采用的是仰视的角度，配合模特夸张的动态，使得整幅画面极具张力和活力，在凸显人物气质的同时也体现出作者对版面掌控的自信与独特。其中跳跃的色彩更是起到了锦上添花的作用，不仅增添了服装的动感，更提升了整体的氛围感，尽显时装画的魅力。

图8-7　托尼·维拉蒙特时装画作品一

图8-8所示时装画作品是作者于1984年为香奈儿（CHANEL）高级时装而画。作者使用简单的线条勾勒出模特的五官与手部，水彩的不同表现形式明确地区分出服装材质的不同，笔触利落、不犹豫，绘制出了一个身穿黄色花卉边上镶嵌皮毛的时装且优美、高雅

的女性形象。

（五）矢岛功

图8-9所示作品是日本著名时装画家矢岛功的时装画作品。他善于将西方服装的华丽时尚与东方服装的清丽婉约融会贯通，具有很高的鉴赏和借鉴价值。他绘制的时装画热情奔放、淋漓洒脱。作品中的线条连贯，造型具有整体性，并且保留着修改前的线条和人物姿态，是因为作者认为人体本身处于运动之中，不修改线条能使人物看起来更具动感。画面中两人侧身并排站立，并不呆板沉闷，而是极具节奏感和层次感，加入水彩的点缀，不但区分出服装的材质，还为整幅画面增添了活跃度，疏密有致且张弛有度。

图8-8　托尼·维拉蒙特时装画作品二

图8-10所示时装画作品中两个模特双手搭在头上，似在跳舞，人体比例结构与服装形态结构准确恰当，舒放结合又不失形体结构。这种动态是时装画中少有的表现形式，也体现出作者绘制时捕捉服装与动态的敏锐力和精准度。色彩的融入进一步提升了整体的视觉艺术效果，让画面更具有音乐般的节奏与动感，充满诗情画意。笔触轻松大胆，彰显出时装画中自信、洒脱、飘逸的视觉魅力。

图8-9　矢岛功时装画作品一

二、中国大师作品

（一）刘元风

图8-11所示作品是北京服装学院刘元风教授的时装画作品。他是中国第一批时装设计师，也被誉为“中国时装画第一人”。作品中主要使用了彩铅与水彩工具，塑造出了一个极具夸张的服装造型，整体人物造型严谨，人物形态生动以及细节表达传神，特别是对服装的材质进行了简洁的概括，表现出他独特的绘画风格，具有浓厚的时尚审美意蕴。

图8-12所示时装画作品将装饰画艺术融入现代时装画中，将东西方的表现方式融会贯通。色彩上以邻近色为主，色调和谐相通，简洁舒朗的服装设计语言结合丰富多样的绘画形式，让画面更具艺术气氛。

图8-10　矢岛功时装画作品二

图8-11 刘元风教授时装画作品一

图8-12 刘元风教授时装画作品二

（二）吴海燕

图8-13所示作品是中国美术学院设计艺术学院吴海燕教授的时装画作品。她善于运用中国元素进行纹样的创意设计，力求在传达民族精神和文化的同时准确把握国际时尚的主流和特征。作品中绘制了两个造型独树一帜的女性，使用亮黄色与橘色、粉色、深绿色进行系列服装色彩搭配，用色绚丽多彩，突出画面主体并形成强烈的视觉冲击。还在细节上与整体相互呼应、调和，如手部、头部和图案上的色彩搭配，既跳跃又不失统一，体现出作者对时装画的独特见解和自信把控。

图8-14所示时装画作品中分别绘制了三套系列服装，服装设计具有浓厚的传统文化意蕴，是作者将时尚和传统结合的创新试探。服装造型古典华丽、自然大气，以黑色为主色调，加以橘色、绿色、蓝色点缀，其中蕴含深厚的中华民族特色，也是中西方文化碰撞的新风向。

图8-13 吴海燕教授时装画作品一

图8-14 吴海燕教授时装画作品二

（三）刘晓刚

图8-15所示作品是东华大学服装与艺术设计学院刘晓刚教授的时装画作品。他是我国服装设计高等教育领域的杰出学者，全国十佳服装设计师。作品中绘制的是一件泡泡袖的修身长裙，线条使用粗细得当、轻重有度，动态与服装设计的艺术意蕴完美融合在一起，呈现出时尚优雅、知性大方的人物形象，展示着作者对时尚的态度与审美。

图8-16所示作品是东华大学服装与艺术设计学院刘晓刚教授的时装画作品。作品画面随性、自然、不拘一格，更是对日常生活中时尚的随笔记录，叙述着作者对服装的见解和对时尚的诠释。作者将线条、色彩、动态和时尚、风格、韵味揉捏在一起，总体神形兼备，干练而不失细节表达。

图8-15 刘晓刚教授的时装画作品一

图8-16 刘晓刚教授的时装画作品二

（四）张肇达

图8-17所示作品是中国第一届十佳时装设计师张肇达大师的时装画作品。他是国风时尚潮流的先驱，当今中国最具影响力的时装设计师，也是中国时装设计师闯入欧美时尚界的第一人。他的作品中融入了他对东西方时尚美学的深思与创新，既现代又传统，既华丽又不失意蕴，有着不凡的艺术气息。作品中的笔触行云流水、自由奔放，用色不拘小节，塑造了一个温柔似水而又典雅大气的女性形象。

图8-18所示时装画作品中人物透视大胆夸张，线条绘制干脆利落、淋漓洒脱，服

装设计主体以褶皱进行表达，色彩采用邻近色呼应而成，画面既变化又统一，无处不展现着作者对生命和时尚的思考，也给人留下意犹未尽的东方哲思和智慧。

图8-17 张肇达大师时装画作品一

图8-18 张肇达大师时装画作品二

（五）萧本龙

图8-19所示作品是中国台湾时装画家萧本龙大师的时装画作品。作品主要使用铅笔与水彩结合的表现技法，用笔干脆利落、不拖沓，体现出西装笔挺的款式结构，用色简洁、快速，表现出面料的光泽感与品质感，整体画面时刻展现着作者深厚的绘画功底与艺术审美。

图8-20所示时装画作品中线条简洁、干练、流畅，运用了水彩与马克笔结合的表现技法，巧妙地通过花卉图案中的疏密对比勾勒出其中的明暗关系，使得画面重点突出、服装结构层次分明，绘制出美丽、动人、洒脱并具有独特魅力的女性形象，留白处也给人留下意犹未尽的视觉观感。

图8-19 萧本龙时装画作品一

图8-20 萧本龙时装画作品二

第二节　手绘时装画作品鉴赏

图8-21　手绘时装画作品一（毛婉平作品）

图8-22　手绘时装画作品二（毛婉平作品）

手绘时装画效果图是线稿、材料肌理与质感效果相结合的综合表现状态。肌理效果的表现是时装画的重要表现内容，不同时装材料的表现手法也不相同，如图8-21所示。因此，手绘时装画要取得良好的效果需要恰当地运用各种不同的绘画技法来表现不同材料的特点与质感，比如直线适合较为硬挺的服装廓型的绘制，曲线则比较适合较为柔软的材料的表达。因此，在赏析手绘时装画效果图的过程中，学会解读不同的绘制技法、人体动态和时装的款式是至关重要的。可以通过赏析不同的手绘时装画效果图的特点，积累自己的创作灵感，培养自己的艺术表现力与创造力，从而逐步形成独特的个人风格。本节将从时装造型、时装材料表现特点、艺术表现风格以及视觉效果等多方面来赏析手绘时装画的不同风格与审美感受。

图8-22所示作品以暖色系为主色调，黑色的高筒靴与手提包平衡了黄色系的明亮跳跃。在塑造手法上，针织上衣的纹理采用菱格形线条来刻画，利用多层深浅颜色笔触相互叠压的绘制手法，增加了服装的层次感。暖色系烘托出毛衣的温暖舒适的氛围感，在视觉效果上

与秋冬季的色彩心理需求相符合，搭配暖灰色的格纹半裙，整体和谐统一。背景部分的线条有疏有密，点线结合，同时选择用同色系的暖色和互补色紫色来丰富整体色调，起到衬托画面氛围的作用。

图8-23 手绘时装画作品三（毛婉平作品）

图8-23所示作品表现了几种不同材料的组合，包括针织纹理的毛呢内衬、印花材料流苏短裙、格纹材料外套、菱格形材料腿袜以及皮革质感的凉鞋。同色系格纹贝雷帽搭配服装，整体造型前卫大胆、时尚新潮。在整体结构设计上，服装款式长短不一，层次错落有致。其中，印花图案采用格纹与抽象图案结合，色彩明亮跳跃，图案绘制通过由浅到深的色彩变化层层叠加出层次感与空间感，排列丰富而有变化。背景采用了大面积的竖向线条排列的蓝灰色背景，与整体风格相互呼应，另外，搭配小面积的明黄色线条点缀，丰富了整体的动态感与活力。

图8-24所示作品为秀场主题系列的针织毛衣设计。左图为红色的针织花色毛衣，以白衬衫为内衬，胸口的针织纹理以仿花型的设计处理，毛衣下摆处为不对称式造型，缺口的设计为整体增加了灵动感、透气感与视觉亮点，搭配深灰色系西裤，线条流畅利落，以长线条的笔触凸显了西裤的垂坠质感。画面整体主要突出针织上衣的造型设计，利用层层包裹的线条弧度，加深视觉中心部分的对比度并突出细节刻画，将画面重点聚焦在仿花形的设计上。右图则以动物元素为主，将针织卡通动物造型缝制在米白色的毛衣上，赋予了童趣性与新意，动物造型设计凸显了服

图8-24 手绘时装画作品四（毛婉平作品）

装的视觉空间感与体积感，在绘制过程中，需要注意用深浅颜色来塑造动物造型的明暗关系，以增强立体效果。下半部分搭配水洗蓝牛仔开衩裙和深筒马丁靴，牛仔裙的底色部分采用大块面的平铺，塑造出基本的明暗变化，黑色的深筒马丁靴注意塑造立体明暗效果，强调高光的细节绘制，整体效果既富有设计感与个性，又具有一定的趣味性。

图8-25所示作品为“都市女性”主题系列女装，三款服装的款式设计各有不同的侧重点，整体设计组合起来却显得和谐统一，互为呼应。第一款是抹胸无袖的裙装，裙装材料的绘制需要注意深浅颜色的过渡，以突出材料的光滑平整，褶皱处的色彩变化也需要过渡自然，在褶皱的边缘处点缀部分高光，以增强画面效果。除此之外，手臂银色圆圈吊环的配饰用灰色系来表现金属质感，配饰的设计增加了着装者与服装之间的互动性体验，使整体更加具有层次感，新颖有趣。第二款突出了腰部镂空的设计，腰带与腰环相连接，环环相扣。用干净肯定的长直线条表现出硬挺的服装质感，增加了服装的中性美，腰部镂空收紧的设计又突出了女性的身材曲线，刚柔并济。第三款是抹胸与泡泡袖组合的裙装设计，材料光滑平整，通过笔触的转折过渡表现出了服装的质感，腰带和口袋的设计呼应了整体风格，增加了服装的层次与细节。衣纹的褶皱转折处线条流畅干净，突出了材料光滑的质感。此系列服装各有特色，又与主题风格相互呼应。

图8-25　手绘时装画作品五（毛婉平作品）

图8-26所示作品为系列连衣裙，以铆钉、绑带设计为主要元素。左款为紧身黑色连衣裙，以镂空拼接式的剪裁搭配绑带设计，在绘制时需要注意绑带处的结构关系与明暗关系。配饰部分以铆钉元素的黑皮靴与皮质手提包增加服装的整体效果，其中皮革手提包要突出皮革的明暗质感。右款为白色收腰连衣裙，采用了现代流行的大廓型荷叶边的设计，腰部结合了层次错落的拼接式镂空绑带设计，注意将腰部镂空处的肤色保留出来，搭配白色铆钉手提包，肩部与手臂处用秀丽笔或小笔楷直接勾勒出黑色线条与字母图案，作为点缀呼应系列画面效果，整体表现出年轻一代女性对生活的不羁与自由洒脱。

图8-26　手绘时装画作品六（毛婉平作品）

图8-27所示作品为裘皮材料的时装画，以经典的暖棕色系的裘皮质感为主，与厚毛呢质感的半身裙相互搭配，在视觉上给人以温暖、厚重的心理感受。裘皮的质感通过由浅到深的色系变化与每一层毛流感的笔触叠加表达出来，半身裙以暖灰色为主，与裘皮的颜色相衬，搭配棕色系撞色设计的手提包，整体氛围和谐、舒适。腰部的金属链条收紧腰身，作为饰品起到点缀的作用。背景以互补色紫色调与整体的暖色氛围相衬托。

图8-28所示作品是格纹上衣搭配墨绿色裙装，整体风格呈现暗黑、细腻的效果。下摆及两侧有流毛拼接的设计细节，格纹纹样作为装饰，在排布上需要注意疏密关系与侧重，做到收放有致。裙装为不规则撞色堆叠的设计，不对称式的设计手法，使整体错落有致，营造出丰富的画面层次感。另外，在绘制过程中，适当增加帽子、面纱、耳饰、领带等配饰设计，为人物增加了性感魅惑的氛围，突出了灵动透气的视觉感受。

图8-29所示作品为运动休闲系列套装设计，整体氛围个性十足又充满活力。人物的发型为拳击辫的造型设计，与运动风的主题相呼应。服装款式上选择了短款上衣与开衩包臀裙的搭配形式，半身裙的腰节处增加了层次错落的细节设计，开衩的款式适应于人物活动幅度范围大的日常运动。服装色系上选择以较为休闲的米灰色系为主，外套用紫粉调与绿色系进行拼接，笔触上用简洁干练的线条绘制出衣纹褶皱，顺应人体的动态趋势，图案处需要注意细节绘制，搭配同色系休闲板鞋，充满青春的活力、朝气。

图8-27 手绘时装画作品七（毛婉平作品）

图8-28 手绘时装画作品八（辛喆作品）

图8-29 手绘时装画作品九（毛婉平作品）

图8-30 手绘时装画作品十（李慧慧作品）

图8-30所示作品为多人组合设计，人物错落有致地排布。位于前方的人物采用了明亮、高饱和度的色彩对撞，给人强烈的视觉冲击感，右侧人物服装上皮毛拼接不对称式镂空连衣裙的设计体现了活泼大胆与性感大气的视觉效果，左侧人物服装上图案色彩与中间人物色彩相呼应。作品整体色调和谐一致，互为呼应。黑色的高跟鞋为整体的明亮跳跃风格进行视觉平衡，保持整个画面的稳定性。

图8-31所示作品以都市年轻女性为主题，将体现女性温柔美的薄纱裙与精致繁美的钉钻亮片元素相结合，综合了柔美与简约大方的视觉感受，给整体效果增加了更多的层次感与设计感。画面运用了对称式的钉珠排列的设计手法，薄纱裙为吊带长裙，与灵动飘逸的流苏相结合，笔触生动丝滑，搭配钉珠元素更凸显了女性的妩媚动人，两种不同材料特性的组合给人以意想不到的设计美感。同时，深色的背景增加了整体画面的空间

感，突出了闪钻流苏裙的珠光宝气，将年轻女性的性感与俏皮展现得淋漓尽致。

图8-32所示作品是格纹连衣裙设计，加上高饱和度的亮蓝和亮黄色，普通格纹展现出别具一格的美感。亮黄色羊腿袖绘制出彩，褶皱效果表达到位，产生强烈的视觉效果。同时，人物造型采用了棕色长发的设计，以此衬托人物的美艳大气，亮蓝色高筒靴与服装格纹颜色相呼应，服装叠压产生错落交织的层次感，更显得明艳动人。

图8-33所示作品是运动休闲式的男装时装画。服装的整体色调是冷色系的组合，上衣是银灰色日常款运动外套，内衬图案为浅灰绿色系豹纹；裤装是米白色条纹内搭与蓝色豹纹图案休闲裤的叠穿，豹纹图案的绘制需要注意由浅入深层层递进。不规则的图案组合相互配合，在腰节处增加了粉紫色腰带的细节设计，服装色调统一和谐。另外，搭配白色系运动鞋，鞋面以小面积粉紫色图案作为点缀，作为整体和谐氛围的亮点，相互衬托。而背景色则选用了腰带处小面积的粉紫色，与主体的细节设计相呼应，视觉效果更加突出。

图8-34所示作品是日常休闲系列时装画。左款为蓝绿色系包臀裙，袖子设计为长款的薄纱材质荷叶边，在绘制薄纱材料时，特别需要注意表达出半透明的质感，用较通透的颜色作为底色，再塑造出明暗变化，突出垂坠感。细节设计上增加了铆钉的元素，与金属饰品相搭配，刚柔并济。右款为分体式的牛仔裙与工装、口袋的组合设计，裙装为灰蓝色开衩牛仔裙与暖灰色系口袋拼接的设计，需要用干净整齐的线条绘制出工装线的走向，项链用黄色系的明暗变化表现出金属质感，短款工装上衣与长款金属项链所产

图8-31 手绘时装画作品十一（毛婉平作品）

图8-32 手绘时装画作品十二（辛喆作品）

图8-33 手绘时装画作品十三（毛婉平作品）

生的层次感展现了随性自由的生活态度。两款发型都选择了棕色系长卷发造型，注意突出头发毛流的层次与质感。裙摆飘带用灵动飘逸的线条绘制，增加了视觉上的活力奔放，呈现出丰富细腻的视觉感受。

图8-35所示作品是豹纹纹理的时装画。服装整体以灰色系作为主色调，上衣为灰色的豹纹纹理图案设计，毛绒质感处理得当，整体效果温暖舒适。豹纹纹理的塑造以浅灰色作为底色，由浅到深，用不规则色块层层叠加，丰富了豹纹纹理的质感效果，同时，在衣服边缘用高光添加毛流状的笔触效果，以此突出毛绒材料的透气感与生动性。另外，裙装同为灰色系，搭配灰色流苏手提包，为整体氛围增加了灵动随意的视觉效果。肉粉色的绸缎质感的高筒靴，成了服装整体的视觉亮点，也获得了画龙点睛的效果。

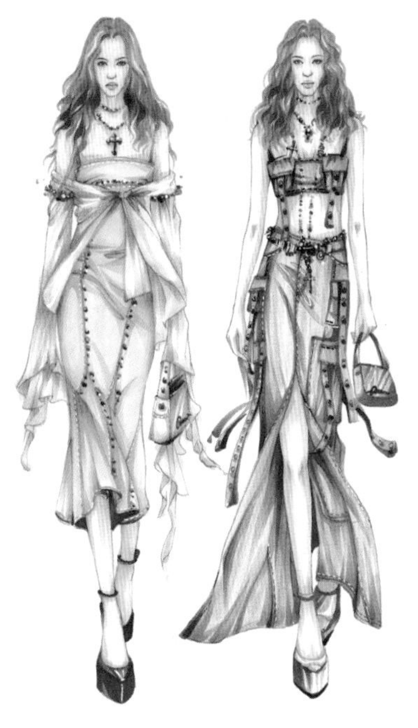

图8-34　手绘时装画作品十四
（毛婉平作品）

图8-35　手绘时装画作品十五
（毛婉平作品）

图8-36所示作品为组合时装画。采用水彩技法进行绘制，整体以表现格纹、针织效果为主。款式采用以西装、大衣、裤子为主，将不同形式的格纹绘制作为设计的重点，整体色彩呈现为温暖柔和的暖色调，加入了一些橄榄绿的颜色以调和整体画面，运用暖色与冷色的组合来烘托整体氛围感。笔触流畅飘逸，突出轻柔灵动的垂坠质感。同时，帽子、挎包等配饰增加了整体的设计感与丰富度。

图8-37所示作品为运动套装系列时装效果图。两款服装设计用相同元素呼应主题，黑白格的经典图案设计为整体服装增加了设计感。左款服装以蓝色连衣外套为主体

造型，采用菱形图案丰富材料质感，荧光绿的长袜设计烘托了整体氛围感，红色的长发突出了年轻女性活力张扬的个性形象。右款为短款无袖运动背心搭配垂坠质感运动长裤，腰间的黑白格纹活衣片与斜方格黑白头套是整体服装的亮点部分。两款服装均搭配黑白色运动鞋，笔触流畅肯定，主要突出服装的明暗关系与人体动态效果，系列整体呈现出率性洒脱、个性自由的风格。

图8-36　绘时装画作品十六（蒋晓敏作品）

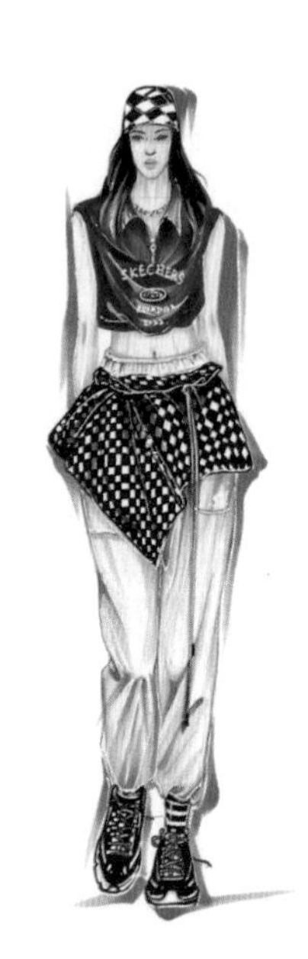

图8-37　手绘时装画作品十七（毛婉平作品）

图8-38所示作品是水彩绘时装画。绿意盎然的氛围让观者仿佛走进大自然的丛林中探索未知的领域。上衣的图案选择以一些装饰图案交织而成，图案的位置与大小适应于人体的曲线变化，收腰的造型为整体的曲线美增色不少。裙装表现薄纱效果，并在裙子上增加了装饰图案，整体画面效果带给人自由生长的蓬勃朝气与野生感。手提绿色包袋造型也呼应了整体风格。

图8-39所示作品是薄纱礼服时装画。画面运用了长春花蓝的色调，蓝紫色系的礼服营造了一种浪漫魅惑的视觉感受，轻盈的薄纱材料质感透出若隐若现的肤色，展现了女性的柔美性感。长裙采用了层次错落的剪裁设计，百褶裙面的质感给整体增加了更多的层次感与丰富度。另外，裙装图案选取了抽象概括的兰花造型，轻柔细腻，如沐春色之中，裙面细闪的设计用轻薄、透光的笔触绘制出来，点线结合，突出了细腻雅致的视觉效果，在灯光的照耀下呈现出更加灵动闪耀、星光流转的视觉效果。

图8-40所示作品为系列休闲时装画。两款服装都采用短款上衣与低腰超短裤的组合搭配，展现了年轻女性自由随性的风格。左款为短款长袖针织毛衣与蓝色短款衬衫打底，针织毛衣用长线条与菱格形线条交织而成，增加了层次感与立体效果，搭配卡其色

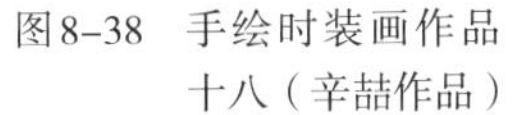

图8-38　手绘时装画作品十八（辛喆作品）

图8-39　手绘时装画作品十九（毛婉平作品）

图8-40　手绘时装画作品二十（毛婉平作品）

低腰超短牛仔裙，再以深棕色绘制腰带，增加了牛仔裙的层次感。另外，裙边用细碎的笔触增加了撕裂的流苏毛边质感。右款为短款牛仔抹胸与低腰超短牛仔裙，搭配长款灰色风衣，笔触流畅生动、随性洒脱。两款服装应用了相同的元素，相互呼应，高级灰的配色营造出舒适大方的审美感受。背景处采用了肯定的长线条，粗线与细线结合，增加了视觉张力，同时，紫色背景也烘托了整体氛围与动态感。

图8-41所示作品是休闲系列男装效果图。三款运动休闲服装均为工装类型，画面整体调性统一。第一款为卡其色迷彩与军绿色拼接的牛仔背带裤，衬衫为黑色与卡其色迷彩的拼接，皮靴选择了明亮的橙黄色作为小面积的亮色点缀，人物的配饰部分选用了亮橙色的墨镜，与皮靴呼应。第二款是浅黄色连帽卫衣、米白色工装多口袋外套搭配亮橙色工装裤，黑白运动鞋经典大气，不会破坏画面整体氛围。第三款是拼接式工装外套的设计，选用了相同的颜色重复使用，与整体色调相互呼应。休闲裤装的绘制都以简洁大方为主要原则，线条干脆肯定，

图8-41　手绘时装画作品二十一（毛婉平作品）

统一的宝蓝色背景与暖色服装形成对比，衬托主体，增加了运动风格的氛围感。

图8-42所示作品是水彩绘时装画。整体款式设计为上下两件的组合。上半部分设计为薄纱蝴蝶结背心搭配蓝色短风衣外套，下半部分为牛仔短裙，在腰节处添加了与主体协调的腰带和流珠的造型设计，更加前卫率性。另外，人物动态较大，与服装搭配在一起显得更加活泼，发型采用高麻花辫，搭配精致眼妆，为整体画面效果增色不少。此外，高筒靴的配饰增加了现代感与时尚度，整体造型设计与配饰的处理共同营造了前卫、个性的氛围。

图8-43所示作品为日常休闲风的时装画。画面选用了暖灰色系的色彩搭配，卡其色风衣外套、暖灰色的片状围裙、浅棕色的垂坠质感西裤、红棕色皮革质感背包，整体风格呈现舒适、宽松自然的休闲感。尖头黑色皮鞋给整体散漫随意的风格增加了时尚利落的元素。整幅画面简约大方，给人轻松愉悦的心理感受。肉粉色的背景色与服装的轮廓造型互为衬托，运笔自然随性，流畅生动的笔触增加了画面的透气性与灵气。

图8-44所示作品是牛仔材料的时装画。服装廓型宽松舒适，大廓型的裙裤设计表现出中性、干练的女性形象。牛仔吊带裙整体以水洗蓝与蓝灰色结合的颜色来塑造牛仔材料的质感，在胸衣的款式设计上通过解构主义的手法剪裁拼贴，采用特殊材料的钉珠进行组合设计，钉珠的绘制以灰色系的深浅变化来塑造钉珠的立体质感，并深入细节刻画，强烈的明暗对比增加了钉珠吊带的设计感与立体空间感。同时，在牛仔材料的工装线部分用白色高光突出材料质感。人物的配饰部分，用黑色钉珠项链与手链来增加灵动精致的视觉效果。背景色则采用了明亮活泼的红色系，与蓝色系牛仔裙进行对比，突出了整体活力率性的氛围。

图8-45所示作品为日常休闲风格的时装画。人物整体为年轻化、个性化的女性形象，在款式上选用了两套服装叠穿的搭配方式。服装的上半部分用浅灰色长款上衣作

图8-42 手绘时装画作品二十二（辛喆作品）

图8-43 手绘时装画作品二十三（毛婉平作品）

图8-44 手绘时装画作品二十四（毛婉平作品）

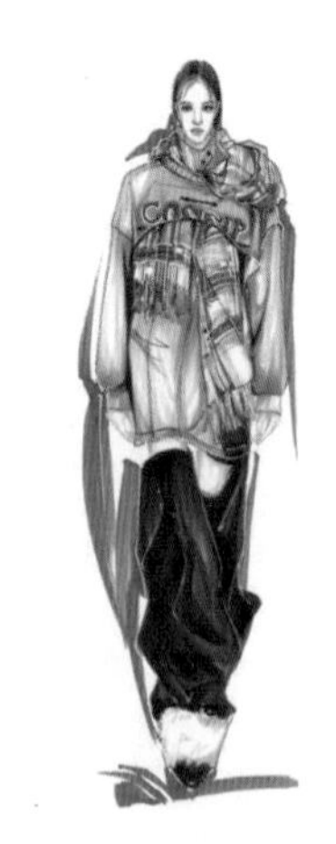

图8-45 手绘时装画作品二十五（毛婉平作品）

图8-46　手绘时装画作品二十六（毛婉平作品）

图8-47　手绘时装画作品二十七（毛婉平作品）

图8-48　手绘时装画作品二十八（毛婉平作品）

为底衬，外层叠穿超短款长袖卫衣，粉绿色相间的格纹围巾作为设计亮点穿插在两件服装之间，同时，卫衣的字母图案选用了格纹中出现的粉色作为相同元素进行呼应。此外，在整体的服装搭配中，黑色腿裤成为画面的主要设计亮点。裤装用大块面的笔触增加视觉张力，底部采用白色羊毛绒作为搭配，尖头皮鞋平衡了整体的造型。背景色则运用画面中出现的粉色元素作为呼应，增加了画面的整体氛围感。

图8-46所示作品是羽绒服材料的时装画。画面的整体风格偏向于中性、前卫个性。服装的上半部分由黑色短袖与暖灰色系羽绒服组成，羽绒服为无袖的背心款式，衣领处为连帽式的造型设计，羽绒服材料的绘制需要注意绘制出鼓泡处的弧度变化与衍缝处褶皱的结构关系，以流畅的笔触塑造出鼓泡的明暗变化。除此之外，以黑、白、蓝三色相间的丝巾作为点缀，丰富了画面的设计感。下半部分为深蓝色的工装牛仔裙裤设计，牛仔布的结构层次丰富，有多层工装口袋，线条工整，个性十足。同时，斜向猫眼的墨镜造型增加了整体的未来感与时尚度。背景部分运用了丝巾中的蓝色元素，与整体氛围相呼应。

图8-47所示作品是轻职业装系列时装画。整体为都市年轻女性的改良版职业装造型设计，画面的调性统一，颜色丰富。左款为黄棕色拼接式西装的设计，西装的中间部分用薄纱面料进行拼接，搭配暖灰色系图案短裙，层次丰富，设计感强。右款为不对称式撞色西装设计，以白色短袖为内衬，西装采用多种色彩的对撞组合绘制出抽象块面的丰富视觉效果。腰节处的绑带突出了女性的身材曲线，使蓬蓬裙的薄纱造型更为突出。两款服装设计均有相同元素重复出现，相互呼应。在背景色的选择上，采用亮橙色突出主体，色彩鲜艳明亮，传达出活力四射又个性的年轻化态度。

图8-48所示作品是裘皮材料的时装画。服装主要由裘皮外套与尖头皮鞋组成。在裘皮外套的表现手法

上，运用棕色系的深浅变化表现出裘皮的光影明暗效果，顺着毛流的肌理感层层叠加、塑造，需要注意线条的弧度变化与颜色的过渡。裘皮材料选用棕色系的动物皮毛的肌理效果，在腰节处的投影部分加深了毛流颜色以表现明暗关系。另外，内搭格纹裙运用了裘皮外套的同色系暖色。此外，在配饰部分，选用了黑色褶皱皮革材料的手提包，作为画面的细节亮点。

图8-49所示作品是都市休闲系列时装画。整体的画面风格统一，色调一致。左款为浅蓝色西装搭配背心款式裘皮外套，西装的材料图案选用了字母图案作为暗纹，整体质感光滑平整。裘皮外套部分以蓝色系的深浅变化作出毛流肌理感，以米白色口袋作为装饰细节。黑色长筒式的皮革手提包与墨镜增加了职场女性的干练、大气感。右款为针织毛衣、针织裙与牛仔披肩外套的组合搭配，用菱形线条表现出针织纹理的质感效果，贝雷帽的绘制需要注意突出帽子的造型与褶皱处的反光效果，手提包的绿色包边为画面增加亮色点缀，增加了都市女性的少女感与时尚度，整体表现出女性的自信形象。

图8-49 手绘时装画作品二十九（毛婉平作品）

图8-50所示作品是时装插画。画面的整体色调以紫红色系为主，运用了不同的深浅色系变化来表现画面的层次感，整体设计由高领长袖露腰上衣、流苏撕边短裙与蕾丝纹样丝袜组成。上衣采用了拼接式的撞色搭配，利用长短交织的线条变化塑造针织材料的肌理效果，高领毛衣遮住了人物的半张脸，增加了神秘的氛围。衣袖采用了超长式的拼接绑带的造型设计，整体复古个性，充满野性与魅力。半裙部分采用了不规则式剪裁的流苏造型，以点线面结合的线条绘制出丰富的视觉感受，搭配网状丝袜，层次分明。同时，紫粉色的背景色运笔流畅、线条肯定，整体表现出个性张扬的独特风格。

图8-50 手绘时装画作品三十（毛婉平作品）

图8-51所示作品为海盗爷（约翰·加利亚诺，John Galliano）秀场系列之一的临摹时装画。以巴尔干半岛的民间传说为灵感，服饰采用了大量丝线刺绣元素，打造出冷艳鬼魅的异域新娘形象。画面传达出极致妖娆的浪漫情调，在色调上选用冷灰与暖灰交织而成，清透、淡雅的颜色与整体设计自成一体，轻柔的笔触呈现雅致、灵动的视觉效果。另外，金属项链用深浅变化的点线交织而成，展现出华丽与柔和的碰撞。

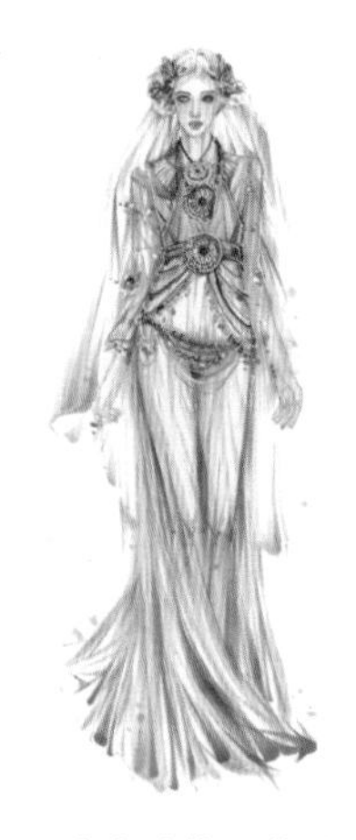

图8-51 手绘时装画作品三十一（毛婉平临摹作品）

第三节　数码时装画作品鉴赏

时装画是一种设计师传达设计理念的视觉化的表现形式。以电脑技术形式体现出来的时装画，脱离了传统的绘画工具材料，可以说是手绘时装画的延伸与拓展，赋予了这一艺术形式新的表现形式与更深层次的时代意义。与手绘时装画不同，电脑时装画更方便、快捷，装饰性更强且便于修改与完善。不仅如此，电脑时装画在表现面料质感上也更加真实与多样。手绘时装画与电脑时装画各具优势，应该将手绘与电脑技术有效结合、综合运用，以表现出更加完美、生动的时装画。

图8-52所示作品是时装插画效果图。从画面的色彩来看，整体呈红棕色调。色彩以暖色调为主，同时加入了一些暗调的冷色，让画面显得协调柔和。款式以层叠错落的裙装和大衣相搭配，突出服装的层次感和体积感。深浅不一的纹样装饰为画面增加了细腻的细节设计，整体造型灵动飘逸。

图8-53所示作品是时装插画效果图，相对于服装效果图更加偏向于主观艺术化处理，以个人的设计理念与风格为主要表达手法。整体色调为蓝色系，用浅蓝、深蓝色系叠加，呈现丰富细腻的视觉感受。加入平面化的装饰图案作为细节刻画，在轮廓边缘点缀缝纫线以及白色点状细节装饰，加上背景虚实的处理，带给人强烈的视觉冲击力。服装纹样的运用自然随意不失规矩，洒脱率性的笔触增加了整体的灵动性。

图8-54所示作品是时装插画效果图，主要的精彩之处是服装款式层次塑造部分，因此画面着重表现了人物胸前的款式细节。选用大胆的明黄色调是作品的亮点，运用饱和度不同的颜色区分层次，对比强烈突出，整体采用线条相间的装饰。夸张的廓型更加突出了整体的时尚度，黄色的背景平铺排列，增加了整体的氛围感。

图8-52　数码时装画作品一（莫洁诗作品）

图8-53　数码时装画作品二（莫洁诗作品）

图8-54　数码时装画作品三（莫洁诗作品）

图8-55所示作品为日常休闲风的时装画。画面色调选用了冷色系的色彩搭配，青色风衣外套、灰色的片状围裙设计，整体风格偏向舒适、宽松自然的休闲风，尖头黑色皮鞋给整体散漫随意的休闲风格增加了时尚利落的元素。整幅画面简单大方，给人轻松愉悦的心理感受。背景色与服装的外轮廓方向一致，运笔更加自然随性，零散的笔触增加了画面的透气性与灵气。

图8-56所示作品是时装画人物插图，画面色调高级雅致，淡雅的莫兰迪主色调中加入了小面积亮绿色，作为亮点烘托整体基调，服装花纹运用抽象化的植物纹样，线条流畅生动，华丽高贵的气质浓郁。在服装的塑造表现上，服装款式休闲，在阴影处的处理上选择了暗绿色，与整体色调相呼应，背景以两组相背的造型作为衬托，充满故事性的表现手法吸引人眼球。

图8-55 数码时装画作品四（莫洁诗作品）

图8-57所示作品以暖色系为主色调，以黑色的鞋子平衡橘红色系的明亮跳跃，用菱形和螺旋形图案来塑造服装纹理效果。毛衣采用多层次叠压的设计手法，增加了服装的层次感。暖色系针织面料增加了温暖舒适的氛围感，视觉效果上与秋冬季的色彩心理需求相符合，搭配拼接半裙，整体和谐统一。用同色系的暖色丰富背景，起到衬托画面氛围的作用。

图8-58所示作品为休闲套装的时装画。双层的西装外套搭配百褶长裙，运用浅灰色与中灰色的变化来设计整体氛围感，笔

图8-56 数码时装画作品五（莫洁诗作品）

图8-57 数码时装画作品六（莫洁诗作品）

图8-58 数码时装画作品七（莫洁诗作品）

触干净工整，顺着材质的方向铺设底色，着重表现了西装的垂坠质感。百褶裙的色彩表现干净利落，绿灰色与深灰色搭配，增加了整体的设计感与色彩丰富度。

图8-59所示作品为秋冬季格纹毛呢时装画。画面选用灰色和棕色的色调作为底色，在面料底色上作出不同深浅变化的格纹纹理，格纹的图案层层递进，随着服装面料的起伏变化而变化。双层领子组合的设计突出了设计感。大衣采用拼接式设计，丰富了画面层次感与设计感。背景线条则提亮整体氛围，衬托主体。

图8-60所示作品是时装插画效果图，相对于服装效果图更加偏向于主观艺术化处理，以个人的设计理念与风格为主要表达手法。整体以赛博朋克风格为主要基调，以浅蓝、深蓝色系叠加，并加入装饰图案点缀整体效果，呈现出丰富细腻的视觉感受。背景采用淡化的图案，用以衬托主体服装，带给人强烈的视觉冲击力。口袋、褶裥等细节处理自然随意不失规矩，洒脱率性的笔触增加了整体的灵动性。

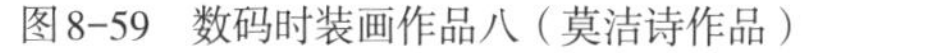

图8-59　数码时装画作品八（莫洁诗作品）

图8-60　数码时装画作品九（莫洁诗作品）

图8-61所示作品为系列女装，每款服装的款式设计各有不同的特点，又相互统一。整体色调淡雅，线条干净利落，硬挺的廓型增加了服装的中性美，精心布局的褶裥凸显出服装的外轮廓，增添了整体的层次感；面料光滑平整，通过笔触的转折过渡表现出了服装的质感，腰带和口袋的设计增加了服装的层次与细节。加上出彩的帽子装饰，呼应主题的同时又增添了一份美感。

图8-62所示作品为系列针织女装，表现了几种不同的材质，包括针织纹理的内

图8-61　数码时装画作品十（翟嘉艺作品）

图8-62　数码时装画作品十一（翟嘉艺作品）

衬、粗麻花外套和棉质面料裤装以及皮质的高跟鞋。渐变蓝搭配深灰色系的服装整体和谐统一、时尚新潮。服装的结构长短不一，层次错落有致。印花图案提取飞鸟元素并抽象化，灰色系由浅到深层层叠加，图案排列有疏有密，与背景的灰色相互呼应。

图8-63所示作品为图案类针织系列女装，服装以明朗的不对称剪裁配合简约低调的色彩为特色，图案运用了黑白纹理对比与互补色系对比，不规则错落式的设计给人强烈的视觉冲击感。背景与整体色调和谐一致，挎包、腰带、帽子等装饰为整体带来和谐优雅的美感，保持整个画面的稳定性。背景选用服装中出现的图案元素，与整体氛围相呼应。

图8-63　数码时装画作品十二（蒋晓敏作品）

图8-64所示作品为裘皮材料的系列女装效果图，以蓝黑色系裘皮质感为主，与薄纱质感相互搭配，在视觉上给人温暖、厚重的心理感受。服装主要由裘皮外套与皮革下装组成，在裘皮外套的表现手法上，运用蓝灰色系的深浅变化表现出裘皮的光影明暗效果，顺着毛流的肌理感层层叠加、塑造，颜色过渡自然。裘皮面料图案选用线条感的图案为主，深浅变化不一。在投影部分需要加深毛流颜色以表现明暗关系，裘皮的质感通过层层叠压表现出来，将动物皮毛的肌理效果表现得淋漓尽致，皮革的褶皱与高光的细节也塑造得精彩。在配饰部分，搭配同色系手提包作为画面的细节亮点。整体氛围和谐、舒适。背景以蓝紫色调与整体的氛围相衬托。

图8-64 数码时装画作品十三（蒋晓敏作品）

图8-65所示作品为运动休闲系列童装设计，整体氛围个性十足又充满活力。人物的发型为双马尾造型，整体活泼可爱，与主题相呼应。服装款式为短款与长款外套混合搭配形式，腰节处做了层次错落的细节设计，整体色调以高明度、高饱和度的色彩为主，图案元素不规则地分布于服装各处，搭配帽子、背包、提包、滑板等配饰，整体画面充满朝气。

图8-65 数码时装画作品十四（蒋晓敏作品）

图8-66所示作品为针织系列女装，每款服装的款式设计各有不同的特点，又相互统一。整体色调以墨绿渐变色系为主，线条干净利落，圆滑柔和的线条增加了服装的美感，不同的针织肌理线条增添了服装整体的层次感；笔触过渡光滑平整，围巾和墨镜的设计增加了服装的层次与细节。加上出彩的细节装饰，呼应主题的同时，又增添了一份美感。

图8-66 数码时装画作品十五（蒋晓敏作品）

图8-67所示作品为鲤鱼图案系列女装，服装为不规则的剪裁设计，配合灰蓝、灰白的色彩，整体色调淡雅，线条干净利落，通过笔触的转折过渡表现出了服装的质感和中性美，给人以强烈的视觉冲击力。在服装面料图案上，运用了鲤鱼、水纹等传统图案，并通过改变图层属性，使图案呈现不一样的状态，增加了服装的层次与细节。加上淡雅的背景衬托，呼应主题的同时，又增添了一份美感。

图8-68所示作品为系列女装设计，是新中式改良版旗袍设计的服装效果图。服装整体款式设计参考民国时期传统的旗袍造型，保留了旗袍的主要特征，加入当下潮流元素，设计出合体而具结构感的款式。薄纱的加入使得整体效果轻盈飘逸兼具动感。部分裙子做了鱼尾裙处理，更凸显了女性的曲线美。在服装面料图案上，运用了仙鹤元素，仙鹤与祥云穿插，并采用大胆的金黄色调，给人以强烈的视觉感受。盘扣、发簪和手套等配饰增加了现代的时尚感，整体旗袍的造型设计与图案处理营造了典雅、大气的氛围感受。

图8-67 数码时装画作品十六（蒋晓敏作品）

图8-68 数码时装画作品十七（蒋晓敏作品）

图8-69所示作品为修身款礼服系列女装设计。蓝黑渐变的色调营造了一种浪漫魅惑的视觉感受，轻盈薄纱材质的面料质感增添了服装的层次美感，展现了女性的柔美性感。在礼服长裙的图案上，选择了自然动植物，由鲤鱼、水花等自然元素交织而成，表现出自然动植物自由生长的蓬勃朝气与野生感。图案的位置与大小适应于人体的曲线，婉转流动的造型为整体的美感增色不少。头饰的发簪造型亦呼应整体风格。

图8-69　数码时装画作品十八（蒋晓敏作品）

图8-70所示作品是系列女装的服装效果图。服装廓型宽松舒适，大廓型的设计表现出中性、干练的女性形象。整体以水洗蓝与深灰色结合的颜色来塑造服装的质感，在款式设计上通过解构主义的手法，以剪裁、拼接、重复元素等形式来增加服装整体的设计感与立体空间感。另外，选择错落有致的排版，表达出一种自由随意的氛围。

图8-71所示作品为针织系列女装效果图。画面采用由白到绿的渐变色调，绿意盎然的氛围一眼就把观者拉入大自然的清新空气中。色彩浓郁、热烈，呈现出清新干净的画面效果。在服装的款式上，加入绑结元素和褶裥元素，搭配几何形的衣片，设计融前卫、中性多种成分于一体。服装款式长短错落搭配，色彩上以白色、青绿色的配色作为主要元素。图案采用抽象化的花纹类型为主，设计上有疏有密，最大化地展现了图案的细节与流动的曲线美。背景选用了流动蜿蜒的线条元素，利用灰白色突出主体。

图8-72所示作品为针织系列女装效果图，整体为日常休闲风。色彩以蓝色和灰白色为主，整个系列由灰白色过渡到蓝色，给予针织服装更多活力和美感。图案提取抽象形状和线条变形处理，重叠相交运用到服装款式当中。作品绘制了多种针织肌理组织，

图8-70 数码时装画作品十九（莫洁诗作品）

图8-71 数码时装画作品二十（莫洁诗作品）

图8-72　数码时装画作品二十一（莫洁诗作品）

包括扭绳组织、拐花组织、提花组织等，交错呈现增加了服装的肌理感和体量感，展现出针织服装的无穷变化。整体风格偏向舒适、宽松自然的休闲风，黑色马丁靴给整体散漫随意的休闲风格增加了时尚利落的元素。整幅画面简单大方，给人轻松愉悦的心理感受。背景色与服装的外轮廓方向一致，运笔更加自然随性，零散的笔触增加了画面的透气性与灵气。

图8-73所示作品为系列女装效果图，用抽象概括的手法提取服装的主要颜色与廓型，画面具有更多的趣味性与未来感，给予了服装风格更多的可能性。服装上概括了主要廓型，用不同色块进行区分，注意画面的色系搭配，颜色的选取采用黑白色的搭配，黑白无彩色的使用，令人如置身于外太空中。褶皱中加入亮片和细钻的设计，场景化的背景衬托了生动活泼的风格。

图8-74所示作品为针织系列女装效果图。色彩以红白调为主搭配不同灰度的颜色，绘制出不同的肌理感和面料再造的效果，款式以解构、拼接、叠层等设计，呈现出多样的层叠效果，打破了画面的单调。提花的针织面料经过作者的设计、斟酌，完美呈现在画面当中，使得服装突破了原有的局限，变得更加立体灵动。整体画面简单大方，给人轻松愉悦的心理感受。

图8-75所示作品为冬日羽绒服系列女装效果图。色彩以棕红色搭配深灰为主，另

图8-73　数码时装画作品二十二（莫洁诗作品）

图8-74　数码时装画作品二十三（莫洁诗作品）

图8-75　数码时装画作品二十四（莫洁诗作品）

搭配不同灰度的颜色，绘制出不同肌理感和光泽感的面料效果，款式以休闲的大廓型为主，通过亮色压边呈现出多样的层叠效果，打破了画面的单调。弧线的运用也比较多地体现在服装造型上，在整体造型上增强了线条感和羽绒服的体量感，使得服装突破原有的局限，变得更加立体灵动。

图8-76所示作品是水墨系列女装效果图。服装整体以灰色系作为主色调，并加上亮蓝色线条点缀。水墨图案的塑造由浅到深，用不规则色块层层叠加，丰富了水墨纹理的质感效果。同时，在衣服边缘添加压边芽条，以此突出廓型款式特点，功能性与时髦性相结合，为整体氛围增加了灵动随意的视觉效果。背景处理也采用与主题相符的水墨图案作为衬托，为服装整体的视觉亮点增添光彩，也获得了画龙点睛的效果。

图8-77所示作品为国潮风系列女装效果图，整体色调以蓝白色系为主，渐变蓝搭配白色系的服装整体和谐统一、时尚新潮。服装的结构长短不一，层次错落有致。在普通款式上做出更多的变式，廓型也偏向大的造型，面料上的做出更多的可能性，如粗花编织、双色绞花、图案提花等，还有做钩针破坏处理和再造处理的。印花图案提取抽象线条，由浅到深层层叠加，图案排列有疏有密，与背景的灰色相互呼应。

图8-76 数码时装画作品二十五（莫洁诗作品）

图8-77 数码时装画作品二十六（莫洁诗作品）

图8-78所示作品为素色系列女装效果图，整幅画面简洁，整体充满艺术感，白色服装与深灰色背景形成了漂亮的色彩对比，模特姿势不一，给整体画面增添了不少活力感。服装采用不对称设计处理，浅色组合简洁、漂亮，富有装饰意味的线条则丰富了整体服装效果。白色头发与衣服的颜色形成呼应。

图8-79所示作品为系列女装效果图，每款服装的款式设计各有不同的特点，又相互统一。整体色调为紫色系，线条干净利落，采用大廓型的设计，增加了服装的中性美，加上精心布局的肌理图案，增添了整体的层次感。面料光滑平整，绑结和口袋的设计增加了服装的层次与细节。加上同色调的背景衬托，呼应主题的同时，又增添了一份美感。

图8-80所示作品为民族风格系列女装效果图，整体色调以白灰渐变颜色为主，搭配克莱因蓝作为点缀色，把民族风和现代服饰结合起来，结合瑶族传统的图腾纹饰，同时加上褶裥等变化多样的元素，创造出全新的穿搭感受。图案多以几何形为主，通过叠加、去减等方法，将图案创新变化再设计，创造出有设计感的图案。服装的结构长短不一，层次错落有致，在普通款式上作出更多的变式。搭配夸张的银质头饰的装饰细节，与主题相互呼应。

图8-78　数码时装画作品二十七（莫洁诗作品）

图8-79　数码时装画作品二十八（莫洁诗作品）

图8-80　数码时装画作品二十九（莫洁诗作品）

本章小结

时装画发展至今，国内外涌现许多优秀且各具风格的时装画大师，本章从国内外作品的作者背景、中心思想以及艺术风格等多个角度对大师作品、手绘时装画作品以及数码时装画作品三个部分进行鉴赏阐述，于优秀的时装画作品中深入学习并理解时装画表现技法、配色、材料表现、风格等，从而提升自身时装画作品的审美与绘制技巧。

通过不同的时装画类型的效果图案例分析，可以学习到不同的手绘表现技法与风格。在大量的时装画作品鉴赏与临摹学习中，可逐步提升自身的绘制能力与审美意识，以此丰富个人眼界、拓宽思维，逐渐形成独特的个人艺术风格。

思考题

1. 时装画的历史是如何形成与发展的？
2. 时装画作品的风格有哪些不同特征？举例说明。

作业

1. 临摹一张大师的优秀时装画作品。
2. 分析不同风格的时装画作品有哪些亮点。
3. 尝试独立创作一张时装画，并逐渐找到个人艺术风格。

参考文献

[1] 李正．服装学概论[M]．北京：中国纺织出版社，2000.

[2] 李正，李细娟，刘文涓，等．服装画表现技法[M]．上海：东华大学出版社，2018.

[3] 殷薇，郑宗兴，李娟．电脑时装画教程[M]．北京：中国纺织出版社，2018.

[4] 程琦，孙志慧，李娜，等．时装画表现技法电脑数码绘本[M]．北京：中国纺织出版社，2017.

[5] 丹妮拉·萨拉曼．艺术风格鉴赏方法[M]．郑昊，张宸，译．北京：北京美术摄影出版社，2018.

[6] 周梦，黄梓桐．时装画艺术表现技法[M]．北京：中国纺织出版社，2016.

[7] 陈闻．时装画研究与鉴赏[M]．上海：中国纺织大学出版社，2000.

[8] 江汝南．服装电脑绘画教程[M]．北京：中国纺织出版社，2016.

[9] 王晓威．服装设计风格鉴赏[M]．上海：东华大学出版社，2008.

[10] 郑俊洁．时装画手绘表现技法[M]．北京：中国纺织出版社，2017.

[11] 黄智高，肖颜琴．服装画与实训[M]．北京：中国民族摄影艺术出版社，2011.

[12] 胡安·巴埃萨．时装画完全指南：从人体结构到时装手绘效果图[M]．顾文，译．上海：上海人民美术出版社，2017.

[13] 王浙．时装画人体资料大全[M]．上海：上海人民美术出版社，2013.

[14] 贝珊·莫里斯．英国实用时装画[M]．赵妍，麻湘萍，译．北京：中国纺织出版社，2011.

[15] 黄嘉，侯蕴珊，杨露．时装画实用表现技法[M]．北京：中国纺织出版社，2017.

[16] 肖维嘉．服装设计效果图手绘表现实例教程[M]．北京：北京希望电子出版社，2019.

[17] 黄哲，朱建龙．时装设计手绘完全表现技法[M]．北京：人民邮电出版社，2019.

[18] 郝永强．实用时装画技法[M]．北京：中国纺织出版社，2018.

[19] 古斯塔沃·费尔南德斯．美国时装画技法基础教程[M]．辛芳芳，译．上海：东华大学出版社，2011.